HORA FINAL

MARTIN REES

Hora final

Alerta de um cientista: o desastre ambiental ameaça o futuro da humanidade

Tradução
Maria Guimarães

COMPANHIA DAS LETRAS

Título original
Our Final Hour

Capa
Moema Cavalcanti

Preparação
Cláudia Cantarin

Índice Remissivo
Luciano Marchiori

Revisão
Cecília Ramos
Marise Simões Leal

Dados Internacionais de Catalogação na Publicação (CIP)
(Câmara Brasileira do Livro, SP, Brasil)

Rees, Martin
Hora final / alerta de um cientista : o desastre ambiental ameaça o futuro da humanidade / Martin Rees ; tradução Maria Guimarães. — São Paulo : Companhia das Letras, 2005.

Título original : Our Final Hour.
Bibliografia.
ISBN 85-359-0721-1

1. Desastres — Previsão 2. Fim do mundo 3. Século 21 — Previsões I. Título.

05-6260 CDD-303.490905

Índices para catálogo sistemático:
1. Previsões : Século 21 : Aspectos sociais 303.490905
2. Século 21 : Previsões : Aspectos sociais 303.490905

[2005]

EDITORA SCHWARCZ LTDA.
Rua Bandeira Paulista 702 cj. 32
04532-002 — São Paulo — SP
Telefone (11) 3707-3500
Fax (11) 3707-3501
www.companhiadasletras.com.br

Sumário

Prefácio

A ciência está avançando mais depressa do que nunca, e numa frente mais ampla: bio, ciber e nanotecnologia, todas oferecem perspectivas formidáveis; a exploração do espaço também. Mas há um lado obscuro: uma nova ciência pode ter conseqüências involuntárias; ela dá poder a indivíduos para que perpetrem atos de megaterror; mesmo erros inocentes poderiam ser catastróficos. O "lado mau" da tecnologia do século XXI poderia ser mais grave e mais intratável do que a ameaça de devastação nuclear que enfrentamos por décadas. E pressões causadas por humanos ao ambiente global podem engendrar riscos maiores do que as antigas ameaças de terremotos, erupções e impactos de asteróides.

Este livro, embora curto, é amplo. Os capítulos podem ser lidos de forma quase independente: eles lidam com a corrida armamentista, novas tecnologias, crises ambientais, com o alcance e os limites da invenção científica e com as perspectivas da existência de vida além da Terra. Tirei proveito de discussões com muitos especialistas; alguns deles, entretanto, acharão que minha apresentação tem viés diferente de sua percepção pessoal. Mas esses são temas controversos, como são na verdade todas as "hipóteses" para o futuro a longo prazo.

No mínimo, espero estimular uma discussão sobre como evitar (tanto quanto possível) os piores riscos, enquanto se desenvolvem novos conhecimentos, de preferência para benefício humano. Cientistas e tecnólogos têm obrigações especiais. Essa perspectiva, no entanto, deveria reforçar a atenção de todos, em nosso mundo interligado, para concentrar medidas públicas em comunidades que se sentem em desvantagem ou que são mais vulneráveis.

Agradeço a John Brockman por me estimular a escrever o livro. Sou grato a ele e a Elizabeth Maguire por serem tão pacientes, e a Christine Marra e colegas por seus esforços eficientes e diligentes para pô-lo no prelo.

1. Prólogo

O século XX nos trouxe a bomba, e a ameaça nuclear nunca nos deixará; a ameaça do terrorismo está em alta na agenda pública e política; desigualdades quanto à riqueza e ao bem-estar se tornam ainda mais amplas. Meu objetivo principal não é contribuir com a literatura florescente sobre esses temas desafiantes, mas concentrar-me em perigos do século XXI, no momento menos conhecidos, que poderiam ser uma ameaça ainda mais grave à humanidade e ao meio ambiente global.

Algumas dessas novas ameaças já estão sobre nós; outras são conjeturais. Populações poderiam ser aniquiladas por vírus letais "projetados" espalhados pelo ar; o caráter humano pode ser alterado por novas técnicas muito mais precisas e efetivas do que os elixires e as drogas que conhecemos hoje; até podemos um dia ser ameaçados por nanomáquinas incontroláveis que se replicam de forma catastrófica, ou por computadores superinteligentes.

Outros novos riscos não podem ser de todo desconsiderados. Experimentos que fazem com que átomos colidam entre si com imensa força poderiam dar início a uma reação em cadeia capaz de provocar uma erosão generalizada na Terra; os experimentos poderiam até rasgar a trama do próprio espaço, uma derradeira catástrofe de "Juízo Final" cujos efeitos se espalham à velocidade da luz para engolir o universo inteiro. Uma hecatombe dessa envergadura pode ser improvável, mas suscita a questão de quem deveria decidir, e como, quanto a prosseguir com experimentos que têm um propósito científico genuíno (e poderiam muito bem trazer benefícios práticos), mas que impõem um minúsculo risco de gerar resultados absolutamente calamitosos.

Ainda vivemos, como todos os nossos ancestrais, sob a ameaça de desastres que poderiam causar a devastação global: supererupções vulcânicas e grandes impactos de asteróides, por exemplo. Felizmente, a ocorrência de catástrofes naturais nessa escala global são tão infreqüentes, e portanto tão improváveis, durante nossa vida, que não preocupam nossos pensamentos nem nos provocam noites de insônia. Porém, elas vêm sendo ampliadas por outros riscos ambientais que impomos a nós mesmos, riscos que não podem ser desconsiderados.

Durante os anos da Guerra Fria, a ameaça principal que recaía sobre nós era uma troca termonuclear generalizada, desencadeada pela confrontação de superpoderes em escalada. Essa ameaça foi aparentemente afastada. Mas muitos especialistas — na verdade, alguns responsáveis por controlar as medidas durante aqueles anos — acreditavam que tivemos sorte; outros achavam que o risco cumulativo de armagedom durante aquele período chegava a 50%. O perigo imediato de guerra nuclear generalizada retrocedeu. Há, porém, uma ameaça crescente de que armas nucleares serão usadas mais cedo ou mais tarde em algum lugar do mundo.

Armas nucleares podem ser desmanchadas, mas não desinventadas. A ameaça é inerradicável e poderia ressurgir no século XXI: não podemos excluir um realinhamento que levaria a confrontos tão perigosos quanto a rivalidade da Guerra Fria, com arsenais ainda maiores. E mesmo uma ameaça que ano após ano parece modesta pode aumentar caso persista por décadas. No entanto, a ameaça nuclear será encoberta por outras que poderiam ser tão destrutivas quanto ela, e muito menos controláveis, as quais adviriam não de governos nacionais, nem mesmo de "Estados problemáticos", e sim de indivíduos ou pequenos grupos com acesso a uma tecnologia cada vez mais avançada. É alarmante a quantidade de formas sob as quais os indivíduos serão capazes de desencadear catástrofes.

Os estrategistas da era nuclear formularam uma doutrina de dissuasão por "destruição mutuamente assegurada" (com o acrônimo mais do que apropriado MAD*). Para esclarecer esse conceito, doutores Fantástico reais[1] imaginaram uma "máquina do Juízo Final" hipotética, um meio derradeiro de intimidação terrível demais para ser proposto por qualquer líder político com a cabeça no lugar. Mais adiante neste século, cientistas poderiam criar uma verdadeira máquina do Juízo Final não nuclear. É concebível que cidadãos comuns possam ter o comando de uma capacidade destrutiva que no século XX era uma prerrogativa assustadora de um punhado de indivíduos que detinham as rédeas do poder nos Estados que possuíam armas nucleares. Se houvesse milhões de dedos independentes no botão de uma máquina do Juízo Final, então um ato irracional, ou mesmo um erro cometido por uma pessoa, poderia acabar com todos nós.

Uma situação assim extrema talvez seja tão instável que nunca possa ser alcançada, da mesma forma que um castelo de cartas muito alto, embora factível na teoria, não pode ser construído. Muito antes que se adquira um potencial de "Juízo Final" — na verdade, quem sabe daqui a uma década —, alguns atingirão o poder de desencadear, em momentos imprevisíveis, eventos na

* "Louco", em inglês. (N. T.)

escala dos piores ultrajes terroristas de hoje em dia. Uma rede organizada de terroristas como os da Al-Qaeda não seria necessária: basta um fanático ou um desajustado social com a mentalidade daqueles que produzem vírus de computador. Há pessoas com tais propensões em qualquer país — muito poucas, para ser cauteloso, mas as bio e as cibertecnologias se tornarão tão poderosas que uma única que seja já poderia ser demais.

Em meados do século, sociedades e nações podem ter se realinhado drasticamente; pessoas podem levar vidas muito diferentes, viver até uma idade muito mais avançada e demonstrar atitudes diversas daquelas do presente (talvez modificadas por medicação, implantes de chips, e assim por diante). Mas uma coisa não deve mudar: indivíduos cometerão erros e haverá um risco de ações maléficas praticadas por solitários amargurados e grupos dissidentes. Novos instrumentos para criar terror e devastação serão fornecidos pela tecnologia avançada; comunicações universais instantâneas amplificarão seu impacto sobre a sociedade. Catástrofes poderiam ser provocadas — o que é ainda mais preocupante — simplesmente por infortúnio técnico. Acidentes desastrosos (por exemplo, a criação ou a liberação involuntárias de um patógeno nocivo de difusão rápida, ou um erro de software devastador) são possíveis mesmo em instituições bem regulamentadas. À medida que as ameaças se agravam, e os possíveis perpetradores ficam mais numerosos, a desordem pode tornar-se tão difundida que a sociedade acabe por desgastar-se e regredir. E no mais longo prazo o risco pode se estender até para a própria humanidade.

A ciência enfaticamente não está, como alguns têm proclamado, perto de seu fim; ela marcha adiante em ritmo acelerado. Estamos ainda embasbacados pela natureza maciça da realidade física e pelas complexidades da vida, do cérebro e do cosmos. Novas descobertas, iluminando todos esses mistérios, engendrarão aplicações benéficas, mas também imporão novos dilemas éticos e trarão novos perigos. Como poderemos equilibrar os diversos benefícios potenciais da genética, da robótica ou da nanotecnologia contra o risco (embora menor) de desencadear um desastre absoluto?

Meu interesse específico em ciência é a cosmologia: pesquisar nosso ambiente na perspectiva mais ampla que se possa imaginar. Pode parecer um ponto de vista incongruente para quem quer concentrar-se em questões práticas terrenas: nas palavras de Gregory Benford,[2] um escritor de ficção que é também astrofísico, o estudo da "grande giração dos mundos [...] imbui, e talvez aflija, astrônomos com uma percepção de como somos parecidos com as efeméridas". Mas são poucos os cientistas que se encaixam na descrição de Benford: uma preocupação com os espaços quase infinitos não torna os cosmólogos especialmente "filosóficos" na lida com a vida diária; eles tampouco são menos engajados com as questões com que somos confrontados aqui no chão, hoje e amanhã. Minha atitude subjetiva foi mais bem expressa pelo matemático e filósofo Frank Ramsey,[3] membro da mesma faculdade em Cambridge (King's College) à qual eu agora pertenço:

> Não me sinto nem um pouco humilde diante da vastidão dos céus. As estrelas podem ser grandes, mas não podem pensar ou amar; e essas são qualidades que me impressionam muito mais do que tamanho. [...] Meu retrato do mundo é desenhado em perspectiva e não como um modelo em escala. O primeiro plano está ocupado por seres humanos, e as estrelas são pequenas como míseros pedacinhos.

Uma perspectiva cósmica na verdade fortalece nossas preocupações sobre o que acontece aqui e agora, porque fornece uma visão de como o potencial futuro da vida poderia ser prodigioso. A biosfera da Terra é resultado de mais de 4 bilhões de anos de seleção darwiniana: as estupendas extensões temporais do passado evolutivo são hoje parte da cultura comum. Mas o futuro da vida poderia ser mais longo do que seu passado. Nos éons que jazem adiante poderia emergir uma diversidade ainda mais maravilhosa, na Terra e além dela. O desdobrar da inteligência e da complexidade poderia estar próximo de seus princípios cósmicos.

Uma fotografia memorável tirada do espaço nos mostrou "o nascimento da Terra" visto de uma nave que orbitava a Lua. Nosso habitat de terra, oceanos e nuvens se revelava como um verniz fino e delicado, sua beleza e vulnerabilidade contrastando com a paisagem lunar desolada e estéril em que os astronautas deixaram suas pegadas. Faz só quatro décadas que dispomos dessas imagens distantes da Terra inteira. Mas nosso planeta existe há um tempo 100 milhões de vezes maior do que esse. Por que transformações ele terá passado durante essa extensão cósmica de tempo?

Cerca de 4,5 bilhões de anos atrás[4] o nosso Sol se condensou a partir de uma nuvem cósmica; naquela ocasião ele era rodeado por um disco de gás em redemoinho. Nesse disco se aglomerou poeira para formar um enxame de pedras em órbita, que então coalesceram para constituir os planetas. Um deles veio a ser a nossa Terra: a "terceira pedra a partir do Sol". A jovem Terra foi golpeada por colisões com outros corpos, alguns quase tão grandes quanto os próprios planetas: um desses impactos arrancou pedra fundida suficiente para fazer a Lua. As condições se acalmaram e a Terra esfriou. As transformações seguintes, significativas o bastante para serem vistas por um observador longínquo, teriam sido muito graduais. Ao longo de uma extensão de tempo prolongada, mais de 1 bilhão de anos, oxigênio se acumulou na atmosfera terrestre, conseqüência da vida unicelular nascente. Dali em diante, lentas modificações se deram na biosfera e na forma das massas de terra, à medida que os continentes derivavam. A cobertura de gelo cresceu e voltou a baixar: é até possível que em certos episódios a Terra tenha se congelado inteira, ficando branca em vez de azulada.

As únicas mudanças globais abruptas foram desencadeadas por grandes impactos de asteróides ou por supererupções vulcânicas. Incidentes ocasionais como esses teriam despejado tanto entulho na estratosfera que por muitos anos, até que toda a poeira e os aerossóis tornassem a assentar, a Terra pareceria cinza-escuro em vez de branco-azulada, e nenhuma luz solar alcançava terra ou oceano. Além desses breves traumas, nada foi súbito: sucessões de novas espécies surgiram, evoluíram e se extinguiram em escalas de tempo geológico de milhões de anos.

Mas numa lasca minúscula da história da Terra — a última milionésima parte, alguns milhares de anos —, os padrões de vegetação se alteraram muito mais depressa do que antes. Isso marcou o início da agricultura: a marca de uma população humana sobre as terras, com o poder das ferramentas. O ritmo de mudança se acelerou à medida que as populações cresceram. Eram então visíveis transformações bem diferentes, ainda mais abruptas. Em cinqüenta anos, pouco mais do que um centésimo de milionésimo da idade da Terra, a quantidade de dióxido de carbono na atmosfera, que declinara lentamente pela maior parte da história terrestre, começou a elevar-se com velocidade anormal. O planeta se tornou um imenso emissor de ondas de rádio, o produto de todas as transmissões de televisão, telefone celular e radar.

E outra coisa aconteceu, sem precedentes nos 4,5 bilhões de anos da história da Terra: objetos metálicos — embora muito pequenos, algumas toneladas no máximo — abandonaram a superfície do planeta e escapuliram completamente da biosfera. Alguns foram propulsionados para órbitas em torno da Terra; outros viajaram para a Lua e os planetas; outros ainda chegaram a seguir uma trajetória que os conduziria às profundezas do espaço interestelar, deixando o sistema solar para sempre.

Uma raça de extraterrestres com conhecimentos científicos avançados que observasse nosso sistema solar poderia prever com confiança que a Terra enfrentaria a ruína em outros 6 bilhões de anos, momento em que o Sol, em seus estertores de morte, incharia até se transformar em um "gigante vermelho" que vaporizaria tudo o que restasse na superfície do nosso planeta. Mas será que eles poderiam prever tal espasmo sem precedentes antes da metade da vida da Terra — essas alterações antrópicas que ao todo não representam nem um milionésimo do tempo de vida deste planeta, e que pelo visto ocorrem com velocidade desenfreada?

Se esses alienígenas hipotéticos continuassem a nos vigiar, o que testemunhariam nos próximos cem anos? Um grito final seguido por silêncio? Ou o planeta em si se estabilizará? E será possível que alguns desses pequenos objetos metálicos lançados da Terra gerem novos oásis de vida noutra parte do sistema solar, estendendo enfim suas influências, em meio à vida exótica, máquinas ou sinais sofisticados, muito além do sistema solar, criando uma "esfera verde" em expansão que terminaria por impregnar a galáxia inteira?

Pode não ser uma hipérbole absurda — na verdade, pode nem mesmo ser exagero — afirmar que a localização mais crucial no tempo e no espaço (a não ser o próprio Big Bang) poderia ser aqui e agora. Acredito que as chances de nossa civilização na Terra sobreviver até o fim do século presente não passam de 50%. Nossas escolhas e nossas ações poderiam assegurar o futuro perpétuo da vida (não só na Terra, como talvez muito além dela). Ou em contraste, por maldade ou desventura, a tecnologia do século XXI poderia pôr em jogo o potencial da vida, acabando com seu futuro humano e pós-humano. O que acontecer aqui na Terra, neste século, pode fazer a diferença entre uma quase-eternidade repleta de formas de vida cada vez mais complexas e sutis, e uma eternidade impregnada de nada a não ser matéria-prima.

2. Choque tecnológico

A CIÊNCIA DO SÉCULO XXI PODE ALTERAR OS PRÓPRIOS SERES HUMANOS — NÃO SÓ SEU MODO DE VIDA. UMA MÁQUINA SUPERINTELIGENTE PODERIA SER A ÚLTIMA INVENÇÃO HUMANA.

"No último século, houve mais mudanças do que nos mil anos anteriores. O novo século verá mudanças que deixarão no chinelo aquelas do século anterior." Essa era uma opinião comumente ouvida nos anos 2000 e 2001, na alvorada do novo milênio; mas são palavras que na verdade datam de mais de cem anos e dizem respeito aos séculos XIX e XX, não ao XX e ao XXI. Elas foram proferidas em uma palestra de 1902 intitulada "Discovery of the Future" [Descoberta do futuro], cuja apresentação foi feita pelo jovem H. G. Wells[5] na Royal Institution em Londres.

No final do século XIX, Darwin e os geólogos já haviam delineado grosseiramente a evolução da Terra e de sua biosfera. A idade completa do planeta ainda não fora reconhecida, mas estimativas chegavam a centenas de milhões de anos. O próprio Wells aprendera essas idéias, então novas e provocadoras, com o maior defensor e propagandista de Darwin, T. H. Huxley.

A palestra de Wells tinha cunho sobretudo visionário. "A humanidade", disse ele, "seguiu um caminho, e a distância que percorremos é um prenúncio do caminho que devemos seguir. Todo o passado é senão o começo de um começo; tudo o que a mente humana realizou não é mais do que o sonho antes do despertar." Sua prosa um tanto rebuscada continua a ressoar cem anos mais tarde. Nossa compreensão científica — de átomos, vida e cosmos — desabrochou de uma forma que nem mesmo ele concebera: certamente Wells estava certo em prever que o século XX veria mais mudanças do que os mil anos anteriores. Desdobramentos de novas descobertas transformaram nosso mundo e nossas vidas. As extraordinárias inovações técnicas sem dúvida o teriam entusiasmado, assim como as perspectivas para as próximas décadas.

Mas Wells não era um otimista ingênuo. Sua palestra ressaltava o risco de desastre global: "É impossível demonstrar por que certas coisas não deveriam destruir completamente a raça e a história humanas e pôr fim a elas; por que a noite não deveria cair neste momento e tornar todos os nossos sonhos e esforços vãos [...] algo vindo do espaço, ou pestilência, ou alguma doença formidável da atmosfera, algum veneno cometário, alguma grande emanação de vapor do interior da Terra, ou novos animais para predar-nos, ou alguma droga ou loucura devastadora na mente do homem". Nos últimos anos de sua vida, Wells se tornou mais pessimista, sobretudo em sua derradeira obra, *The Mind at the End of its Tether* [A mente e o fim de seu âmbito]. É possível que seu quase desespero sobre o "lado mau" da ciência se aprofundasse caso ele estivesse escrevendo hoje. Os humanos já dispõem dos meios para destruir sua civilização com guerra nuclear: no novo século, eles estão adquirindo conhecimento biológico que poderia ser igualmente letal; nossa sociedade integrada se tornará mais vulnerável a ciberriscos, e pressão humana sobre o meio ambiente se acumula com perigo. As tensões entre os desdobramentos benéficos e os nocivos das novas descobertas e as ameaças impostas pelo poder prometéico que a ciência nos confere são de uma realidade perturbadora e cada vez mais gritante.

A audiência de Wells na Royal Institution já o conhecia como o autor de *A máquina do tempo*. Nesse clássico o crononauta empurrou com todo cuidado a alavanca de comando de sua máquina: "A noite caiu como o apagar de uma luz, e no momento seguinte veio o amanhã". Enquanto ele tomava velocidade, "a palpitação de noite e dia se fundiu num cinzento contínuo. [...] Viajei, parando de vez em quando, em grandes passadas de mil anos ou mais, atraído pelo mistério da sina da Terra, vendo com estranho fascínio o Sol tornar-se maior e mais apagado no céu a oeste, e a vida da velha Terra esvair-se". Ele encontra uma era em que a espécie humana se dividiu em dois grupos: os incapazes e infantis Elói e os brutos subterrâneos Morlock que os exploram. Após adiantar-se 30 milhões de anos, num mundo em que todas as formas de vida conhecidas se extinguiram, ele retorna ao presente, trazendo estranhas plantas como evidência de sua viagem.

Na história de Wells 800 mil anos se passam antes que os humanos se dividam em duas subespécies, um período que condiz com as idéias modernas sobre a quantidade de tempo requerida para que a humanidade emergisse por meio da seleção natural. (As evidências dos nossos ancestrais humanóides mais antigos se estendem a 4 milhões de anos atrás; faz cerca de 40 mil anos que humanos "modernos" suplantaram os neandertais.) Mas no novo século, as mudanças nos corpos e nos cérebros humanos não se restringirão ao ritmo da seleção darwiniana, nem mesmo ao de cruzamentos artificiais. A engenharia genética e a biotecnologia, se praticadas generalizadamente, poderiam transfigurar o físico e a mente da humanidade muito mais depressa do que Wells anteviu.

De fato, Lee Silver, em seu livro *De volta ao Éden*,[6] conjetura que seriam necessárias umas poucas gerações para que a humanidade pudesse dividir-se em duas espécies: se a tecnologia, permitindo que pais "projetem" crianças geneticamente avantajadas, fosse disponível só para os endinheirados, haveria uma divergência cada vez mais ampla entre os "GenRicos" e os "Naturais". Mudanças não genéticas poderiam ser ainda mais súbitas, ao transformarem o caráter mental da humanidade em menos de uma geração, tão rápido quanto novas drogas possam ser desenvolvidas e comercializadas. Os fundamentos da humanidade, essencialmente inalterados ao longo da história registrada, poderiam começar a ser transformados durante este século.

PREVISÕES FRACASSADAS

Recentemente encontrei num sebo algumas revistas de ciência da década de 1920, com representações imaginativas do futuro. Os aeroplanos, então futuristas, tinham fileiras de asas uma acima da outra; o artista supusera que, já que na época os biplanos pareciam um avanço sobre os monoplanos, seria ainda mais "avançado" empilhar as asas como uma persiana. Extrapolar pode ser algo enganoso. Além do mais, projeções diretas de tendências presentes passarão ao largo de inovações mais revolucionárias: as coisas qualitativamente novas que com efeito transformam o mundo.

Já quatrocentos anos atrás, Francis Bacon enfatizava que os avanços mais importantes eram os menos previsíveis. Três descobertas antigas lhe causavam maior espanto: a pólvora, a seda e o sextante. Em *Novum Organum* ele escreve: "Essas coisas [...] não foram descobertas pela filosofia ou pelas artes da razão, e sim por acaso e ocasião", elas são "diferentes em tipo", então "nenhuma noção preconcebida poderia ter conduzido a sua descoberta".

Bacon tinha a convicção de que "há ainda muitas coisas de excelente uso armazenadas no seio da natureza sem nada nelas que seja afim ou paralelo ao que já está descoberto [...] que jazem bem longe do caminho da imaginação".

Os raios X, descobertos em 1895, devem ter parecido tão completamente mágicos para Wells quanto o sextante para Bacon. Embora seus benefícios sejam evidentes, eles não poderiam ter sido planejados. Uma proposta de pesquisa para deixar a carne transparente não teria sido financiada e, mesmo que fosse, a pesquisa certamente não teria levado ao raio X. E as grandes descobertas continuaram a nos pegar de surpresa. Poucos conseguiram prever as invenções que transformaram o mundo na segunda metade do século XX. Em 1937 a US National Academy of Sciences[7] organizou um estudo com o objetivo de prever inovações; seu relatório é leitura salutar para os previsores tecnológicos de hoje. Ele chegou a algumas avaliações sensatas sobre agricultura, sobre a gasolina e a borracha sintéticas. Porém, mais digno de nota é o que ele deixou passar. Não havia energia nuclear, nem antibióticos (a despeito de isso ter se dado oito anos depois de Alexander Fleming ter descoberto a penicilina), nem avião a jato, nem foguetes ou nenhum uso do espaço, tampouco computadores; com certeza não havia transistores. A comissão deixou passar as tecnologias que de fato dominaram a segunda metade do século XX. Muito menos previsíveis eram as transformações sociais e políticas que ocorreram durante aquele período.

Cientistas são com freqüência cegos até mesmo para as ramificações de suas próprias descobertas. Ernest Rutherford, o maior físico nuclear de seu tempo, ganhou fama por descartar como "balela" a relevância prática da energia nuclear. Os pioneiros do rádio viam a transmissão sem fio como um substituto para o telégrafo, mais do que uma forma de transmissão de "um para muitos". Nem o grande engenheiro de computação e matemático John von Neumann nem

Thomas J. Watson, fundador da IBM, consideravam haver necessidade para mais do que algumas máquinas de computação no país inteiro. Os hoje ubíquos telefones celulares e computadores palmtop espantariam qualquer pessoa há um século; eles são exemplares da máxima de Arthur C. Clarke de que qualquer tecnologia suficientemente avançada é indistinguível de magia. Então o que poderia acontecer no novo século que seria "magia" para nós?

De modo geral, os previsores têm falhado terrivelmente na antevisão das mudanças drásticas decorrentes de descobertas imprevisíveis. Em contraste, a mudança incremental é com freqüência mais lenta do que se espera, com certeza muito mais lenta do que é tecnicamente possível. Poucos foram tão prescientes quanto Clarke, mas decerto teremos que esperar que muito tempo se passe após o ano de 2001 antes que vejamos grandes colônias espaciais ou bases lunares. A tecnologia de aviação civil se estagnou, quase como aconteceu com o vôo espacial tripulado. Poderíamos ter aviões hipersônicos a esta altura, mas — sobretudo por razões econômicas e ambientais — não temos: atravessamos o Atlântico em jatos cujo desempenho basicamente tem se mantido similar nos últimos 45 anos, e é provável que assim continue nos próximos vinte. O que mudou é o volume de tráfego. As viagens aéreas de longa distância foram transformadas em mercado acessível para as massas. É claro que houve melhoras técnicas, por exemplo o controle computadorizado e o posicionamento preciso oferecido pelos satélites do sistema de posicionamento global (GPS); para os passageiros, as mudanças que mais se destacam são relativas à sofisticação das engenhocas que fornecem entretenimento a bordo. Da mesma forma, dirigimos carros que só melhoram ao longo das décadas. A tecnologia de transporte em geral se desenvolveu com lentidão maior do que muitos esperavam.

Por outro lado, Clarke e muitos outros foram pegos de surpresa pela velocidade com a qual os computadores pessoais proliferaram e se aperfeiçoaram, além de desdobramentos como a internet. A densidade com que circuitos são gravados em microchips de computadores tem dobrado a cada dezoito meses por quase trinta anos de acordo com a famosa "lei" proposta por Gordon Moore, co-fundador da Intel. Em conseqüência, hoje em dia um console de jogo eletrônico tem muito mais capacidade de processamento do que os astronautas da *Apolo* dispunham quando pousaram na Lua. Meu colega de Cambridge George Efstathiou, que simula num computador como as galáxias se formam e evoluem, pode agora repetir, em seu laptop durante a hora do almoço, cálculos que levavam meses para ser concluídos num dos supercomputadores mais rápidos do mundo disponíveis em 1980, quando ele os fez pela primeira vez. Em breve não só teremos telefones celulares, como também comunicação em banda larga com todo o mundo e acesso instantâneo a todo o conhecimento registrado. E a revolução genômica — um assunto dominante no início do século XXI — está em aceleração: quando o grande projeto de mapear o genoma humano começou, poucos esperavam que ele poderia estar praticamente completo a esta altura.

Francis Bacon contrastou suas três descobertas "mágicas" com a invenção da imprensa, em que "não há nada que não seja claro e de forma geral óbvio [...] quando foi criada, parecia inacreditável que tivesse escapado à percepção por tanto tempo". A maior parte das invenções emerge, como aconteceu com a imprensa, pela segunda rota de Bacon: "Pela transferência, composição e aplicação de [coisas] já conhecidas". Os artefatos e as engenhocas familiares na vida cotidiana costumam resultar de uma trilha contínua de melhoramentos. Mas ainda pode haver inovações revolucionárias,[8] apesar da notada ausência de infra-estrutura científica nos séculos anteriores. De fato, as fronteiras cada vez mais ampliadas do conhecimento aumentam a chance de algumas surpresas extraordinárias.

AVANÇO MAIS RÁPIDO?

Ao longo de um século inteiro não podemos impor limites ao que a ciência pode realizar, então devíamos deixar nossas mentes abertas, ou pelo menos entreabertas, a conceitos que no momento parecem estar nas margens mais selvagens do pensamento especulativo. A construção de robôs super-humanos está prevista para meados do século. Avanços ainda mais espantosos poderiam afinal brotar de conceitos fundamentalmente novos em ciência básica, que ainda não foram imaginados e que por enquanto não temos vocabulário para descrever. É impossível fazer projeções firmes quando elas envolvem imensas extrapolações do conhecimento atual.

Ray Kurzweil, guru da "inteligência artificial" e autor de *The Age of Spiritual Machines* [A era das máquinas espirituais],[9] defende que o século XXI verá "20 mil anos de progresso a julgar pelo ritmo atual". É claro que isso não passa de uma afirmação teórica, já que só se pode quantificar "progresso" dentro de domínios limitados.

Há limites físicos para o detalhe com que microchips de silício podem ser gravados com as técnicas atuais, pela mesma razão que há limites para a nitidez das imagens que microscópios ou telescópios podem nos dar. Mas já estão sendo desenvolvidos novos métodos capazes de imprimir circuitos em escala muito mais detalhada,[10] de modo que a "lei de Moore" pode não atingir um máximo. Em não mais de dez anos, computadores do tamanho de relógios de pulso nos ligarão a uma internet avançada e ao sistema de posicionamento global. Olhando mais adiante, técnicas bem diferentes — minúsculos quadriculados de raios ópticos, sem envolver nenhum circuito de chip — podem aumentar ainda mais a capacidade computacional.

A miniaturização, embora já se trate de algo espantoso, está de fato muito longe de seus limites teóricos. Cada minúsculo elemento de circuito de um chip de silício contém bilhões de átomos: tal circuito é extremamente grande e "grosseiro" se comparado aos circuitos menores que poderiam em princípio existir. Estes teriam dimensões de somente um nanômetro — um bilionésimo de metro, em vez da escala mícron (milionésimo de metro) na qual os chips de hoje em dia são gravados. Uma esperança no longo prazo é montar nanoestruturas e circuitos "de baixo para cima", grudando entre si átomos e moléculas individuais. É assim que organismos vivos crescem e se desenvolvem. E é como os "computadores" da natureza são feitos: o cérebro de um inseto tem mais ou menos a mesma capacidade de processamento que um poderoso computador da atualidade.

Os pregadores da nanotecnologia[11] imaginam um "montador" que pudesse pegar átomos individuais, mudá-los de lugar e encaixá-los um por um em máquinas com componentes não maiores do que moléculas. Essas técnicas permitirão que os processadores de computadores sejam mil vezes menores, e que o armazenamento de informação seja efetuado em memórias 1 bilhão de vezes mais compactas do que as melhores de que dispomos hoje. Até cérebros humanos podem ser aumentados por implantes de computadores. Nanomáquinas poderiam ter uma estrutura molecular tão intrincada quanto os vírus e as células vivas e exibir maior diversidade; poderiam desempenhar tarefas de manufatura; poderiam rastejar por nossos corpos observando e tomando medidas, ou mesmo fazendo microcirurgias.

A nanotecnologia poderia prolongar a lei de Moore por trinta anos mais, altura em que os computadores teriam chegado à capacidade de processamento de um cérebro humano. E todos os seres humanos poderiam então estar imersos num ciberespaço que permita a comunicação instantânea, não só por discurso e pela visão mas por intermédio de uma elaborada realidade virtual.

O pioneiro da robótica Hans Moravec[12] acredita que máquinas atingirão a inteligência de nível humano e que podem até "assumir o controle". Para que isso aconteça, não basta capacidade de processamento: os computadores precisarão de sensores que lhes permitam ver e ouvir tão bem quanto nós, e do software para processar e interpretar o que seus sensores lhes dizem. Os avanços em software têm sido muito mais lentos do que em hardware: os computadores ainda não se constituem em páreo para a facilidade que até uma criança de três anos tem em reconhecer e manipular objetos sólidos. Talvez seja possível ir mais longe com a "engenharia reversa" no cérebro humano, em vez de simplesmente acelerar e compactar processadores tradicionais. Se os computadores puderem observar e interpretar seu ambiente tão bem quanto nós fazemos através de nossos olhos e de outros órgãos sensoriais, seu raciocínio e suas reações muito mais rápidos poderiam lhes dar vantagem sobre nós. Então eles serão de fato vistos como seres inteligentes, com os quais (ou com quem) poderemos nos relacionar, pelo menos em alguns aspectos, como fazemos com outras pessoas. Surgirão questões éticas. Em geral aceitamos a obrigação de assegurar que outros seres humanos (e na verdade algumas espécies animais) possam preencher seu potencial "natural". Teremos o mesmo dever em relação a robôs sofisticados, nossas próprias criações? Deveríamos nos sentir obrigados a proteger seu bem-estar e culpados se eles estiverem frustrados, entediados ou sendo subutilizados?

UM FUTURO HUMANO OU PÓS-HUMANO?

Essas projeções pressupõem que nossos descendentes permaneçam distintivamente "humanos". Mas tanto o caráter como o físico humanos serão em breve eles mesmos maleáveis. Implantes em nosso cérebro (e talvez novas drogas também) poderiam realçar enormemente nossos poderes intelectuais: nossas habilidades lógicas e matemáticas, e quem sabe até nossa criatividade. Talvez possamos "conectar" alguma memória adicional ou aprender mediante entradas diretas de informação no cérebro (injeção de um "ph.D. instantâneo"?). John Sulston, um dos coordenadores do Projeto Genoma Humano, especula sobre outras implicações: "Quanto equipamento não biológico podemos acoplar a um corpo humano e ainda chamá-lo humano? [...] Um pouco mais de memória, talvez? Mais capacidade de processamento? Por que não? E, se for assim, talvez um novo tipo de imortalidade esteja logo ali".[13]

Um passo além seria fazer engenharia reversa nos cérebros humanos com detalhe suficiente para podermos baixar pensamentos e memórias num aparelho, ou reconstruí-los artificialmente. Assim, os humanos poderiam transcender a biologia por meio da fusão com computadores, quem sabe perdendo sua individualidade e evoluindo para uma consciência comum. Se as tendências técnicas atuais avançassem sem restrições, não deveríamos desconsiderar a crença de Moravec de que algumas pessoas vivas hoje poderiam chegar à imortalidade — no sentido de ter um tempo de vida que não seja limitado por seu corpo atual. Aqueles que buscam esse tipo de vida eterna terão que abandonar seus corpos e ter seus cérebros descarregados em equipamento de silício. Numa linguagem espiritualista antiquada, eles "iriam para o outro lado".

Máquinas superinteligentes poderiam ser a última invenção que os humanos precisem fazer. Uma vez que tenham ultrapassado a inteligência humana, elas poderão projetar e montar por conta própria uma nova geração de máquinas ainda mais inteligentes. Isso poderia repetir-se com a tecnologia buscando alcançar o auge, ou "singularidade", com a taxa de inovação escapando para o infinito. (O futurologista californiano Vernor Vinge[14] foi o primeiro a usar o termo "singularidade" neste contexto apocalíptico.) É impossível prever como o mundo seria após a ocorrência de tal "singularidade". Até mesmo as restrições que se baseiam em leis da física hoje conhecidas podem não ser seguras. Alguns "destaques" da ciência especulativa que desconcertam os físicos — viagem no tempo, saltos no espaço e afins — podem ser dominados pelas novas máquinas, transformando o mundo também fisicamente.

É claro que Kurzweil e Vinge estão na (ou além da) zona marginal visionária, onde predição científica se encontra com ficção científica. Crer na "singularidade" está para a futurologia como crer na esperança milenar de "Arrebatamento" — isto é, ser fisicamente levado aos Céus num iminente Dia Final — está para a cristandade.

O PANO DE FUNDO ESTÁVEL

Os sistemas de informação e a biotecnologia podem avançar com rapidez porque, diferentemente das formas tradicionais de geração de energia e infra-estrutura de transporte, por exemplo, não dependem de instalações grandiosas que levam anos para ser construídas e têm que ser operadas por décadas. Mas nem tudo é tão mutável e transitório quanto o hardware eletrônico.

Deixando de lado a possibilidade de destruição calamitosa — a não ser que houvesse com efeito um avanço tecnológico em direção a uma "singularidade", com o qual super-robôs poderiam transformar o mundo mais drasticamente do que podemos conceber agora —, há limites para a velocidade com que nosso ambiente terrestre pode ser alterado. Ainda teremos estradas e (provavelmente) ferrovias, mas elas serão suplementadas por novas formas de viagem (por exemplo, sistemas de GPS poderiam permitir jornadas automáticas sem colisão por terra ou por ar). Numa perspectiva otimista, o mundo em desenvolvimento poderia adquirir uma nova infra-estrutura própria do século XXI, livre dos legados do passado. Mas alguns limites são impostos por energia e por recursos: é pouco provável que as viagens supersônicas se tornem rotineiras para a maior parte da população do mundo, a não ser que seja inventado algum projeto ou motor radicalmente novo para aviões. Grande parte das viagens se tornará supérflua, superadas que serão pela telecomunicação e pela realidade virtual.

E a exploração do espaço (talvez usando novos sistemas de propulsão)? A robótica e a miniaturização reduzem a necessidade prática, no curto prazo, de viagens espaciais tripuladas. Nas próximas décadas, enxames de satélites miniaturizados orbitarão a Terra; sondas não tripuladas com instrumentação elaborada rondarão e explorarão todo o sistema solar; e fabricantes robóticos montarão grandes estruturas, talvez extraindo matéria-prima da Lua ou de asteróides. Dentro de cinqüenta anos, se até lá a nossa civilização escapar de tropeços desastrosos, quem sabe haverá um programa vibrante de exploração humana do espaço, liderado provavelmente por empreendedores e aventureiros, e não pelos governos.

Mesmo que a presença humana se expanda no espaço, ela envolverá somente uma fração ínfima da humanidade. Nenhum lugar fora da Terra oferece um habitat que seja tão clemente quanto a Antártica ou as profundezas do oceano; não obstante, o espaço pode ser o pano de fundo para exploradores e pioneiros entusiásticos, que ao fim formariam grupos sociais auto-sustentados fora da Terra. Por volta do fim do século, é possível que tais comunidades tenham sido estabelecidas — na Lua, em Marte ou flutuando livremente no espaço — como refúgio ou motivadas por um espírito de exploração. Que isso aconteça, e como, poderia ser crucial para a evolução pós-humana, e na verdade para o destino da vida inteligente em séculos futuros. É bem verdade que seria pouco consolador para aqueles na Terra, mas a vida teria "feito um túnel através" de sua era de máximo risco: nenhuma catástrofe terrestre poderia, dali em diante, deter o potencial cósmico da vida.

O MUNDO REAL: HORIZONTES MAIS LONGOS

Tecnoprevisores, com suas atitudes moldadas pelo ambiente social e político da Costa Oeste dos Estados Unidos, onde se reúnem tantas dessas pessoas, tendem a imaginar que as mudanças avançam sem impedimentos num sistema social que apóia inovações e que as motivações consumistas são dominadas por outras ideologias. Tais presunções podem ser tão injustificadas quanto menosprezar o papel da religião na política externa, ou prever que a África subsaariana conheceria progresso constante desde os anos 1970 ao invés de regredir para uma penúria maior. Desenvolvimentos sociais e políticos imprevisíveis acrescentam novas dimensões de incerteza. De fato, um tema central deste livro é que os avanços técnicos tornarão a sociedade mais vulnerável à perturbação.

Mas, mesmo se a perturbação não fosse pior do que é hoje, essas previsões fazem pouco mais do que definir os limites do que poderia ser possível: o fosso entre o que é tecnicamente possível e o que decerto vai acontecer se alargará. Algumas inovações simplesmente não atraem demanda econômica ou social suficiente: assim como o vôo supersônico e o vôo espacial tripulado se estagnaram depois dos anos 1970, hoje (em 2002) as potencialidades da tecnologia de banda larga (G3) avançam com bastante lentidão porque poucas pessoas querem navegar na internet ou assistir a filmes em seus celulares.

Em relação a biotecnologias, a inibição será mais ética do que econômica. Se não houvesse regulamentações para frear a aplicação de técnicas genéticas, tanto o aspecto físico como o mental dos seres humanos poderiam transformar-se em poucas gerações. Futuristas como Freeman Dyson[15] especulam que em poucos séculos o *Homo sapiens* terá se diversificado em numerosas subespécies, adaptando-se a uma variedade de habitats além da Terra.

Decisões econômicas em geral relegam à insignificância o que pode vir a acontecer daqui a mais de vinte anos: empreendimentos comerciais não valem a pena a não ser que se paguem muito antes disso, sobretudo quando a obsolescência é rápida. Decisões governamentais com freqüência não vão além da eleição seguinte. Mas às vezes — em políticas energéticas, por exemplo —, o horizonte se estende a cinqüenta anos. Alguns economistas estão tentando proporcionar incentivos para que os planejamentos sejam realizados a mais longo prazo e com conservação prudente mediante a atribuição de um valor monetário aos recursos naturais de um país, o que torna explícito, no balanço de uma nação, o custo de esgotá-los. Os debates a respeito do aquecimento global que resultaram no Protocolo de Kyoto levaram em conta o que poderia acontecer daqui a um ou dois séculos: o consenso é que os governos deveriam tomar atitudes preventivas agora, em nome dos supostos interesses dos nossos descendentes do século XXII (embora não se saiba ainda com certeza se essas ações serão mesmo implementadas).

Há um contexto no qual os programas públicos oficiais olham ainda mais adiante, não só centenas mas milhares de anos: o descarte de lixo radioativo das usinas nucleares. Parte desses dejetos permanecerá tóxica por muitos milênios; tanto no Reino Unido como nos Estados Unidos, as especificações para depósitos subterrâneos exigem que materiais perigosos sejam mantidos isolados — sem vazamento por lençóis freáticos ou por fissuras abertas por terremotos — por pelo menos 10 mil anos. Essas exigências geológicas, impostas pela Environmental Protection Agency [Agência de Proteção Ambiental] norte-americana, foram fatores decisivos na escolha de uma localização em Nevada, em subterrâneos profundos debaixo da montanha Yucca, para o lixão nacional dos Estados Unidos.

Os debates prolongados sobre lixo radioativo provocaram pelo menos um benefício: eles geraram interesse e preocupação sobre como nossas ações de hoje ressoarão daqui a vários milênios — extensões de tempo ainda infinitesimais, é claro, se comparadas ao futuro da Terra, mas mesmo assim muito além do horizonte da maior parte dos demais planejadores e responsáveis pelas tomadas de decisões. O Departamento de Energia dos Estados Unidos chegou a reunir um grupo interdisciplinar de acadêmicos para discutir a melhor forma de planejar uma mensagem que poderia ser compreendida por seres humanos (se existir algum) daqui a vários milênios. Alertas categóricos e universais o bastante para vencer qualquer diferença cultural imaginável poderiam ser de suma importância para advertir nossos descendentes remotos a respeito de perigos ocultos como os depósitos de lixo radioativo.

A Fundação Long Now, uma iniciativa promovida por Danny Hillis (mais conhecido como o inventor da "Connection Machine" [Máquina de Conexão], um computador antigo e imenso de processamento paralelo), tem por objetivo promover esse pensamento a longo prazo com a construção de um grande relógio ultradurável que registraria a passagem de vários milênios. Stewart Brand, em seu livro *O relógio do longo agora*,[16] discute como otimizar o conteúdo de bibliotecas, cápsulas do tempo e outros artefatos duradouros que poderiam ajudar a erguer nosso olhar para horizontes temporais mais distantes.

Mesmo que a mudança não seja mais rápida do que nos últimos séculos, sem dúvida haverá uma "rotatividade" em culturas e em instituições políticas dentro de um único milênio. Um catastrófico colapso da civilização poderia destruir a continuidade, ao criar um fosso tão largo quanto o abismo cultural que enfrentaríamos no presente com uma tribo amazônica remota. No romance de Walter M. Miller Jr., *A Canticle for Leibowitz* [Um cântico para Leibowitz],[17] a América do Norte retorna a um estado medieval após uma devastadora guerra nuclear. A Igreja católica é a única instituição que sobrevive, e gerações de padres tentam, por vários séculos, reconstruir o conhecimento e a tecnologia pré-guerra a partir de registros fragmentados e de relíquias. James Lovelock[18] (mais conhecido como o criador do conceito "Gaia", que compara a biosfera a um organismo auto-regulador) insiste na compilação de um "manual inicial de civilização", cujas cópias deveriam ser dispersas o suficiente para garantir que algumas sobrevivam a quase qualquer eventualidade: ele descreveria técnicas de agricultura, desde reprodução seletiva até a genética moderna, e de modo similar cobriria outras metodologias.

Ao nos conscientizar de horizontes temporais mais extensos, os proponentes da Long Now nos lembram que o bem-estar de gerações no futuro distante não deveria ser posto em risco por medidas imprudentes tomadas hoje. Mas talvez eles estejam menosprezando as conseqüências qualitativamente novas dos computadores e da biotecnologia. Os otimistas acreditam que elas levarão às transformações discutidas neste capítulo; e os realistas pensam que os avanços revelarão novos perigos. As perspectivas são tão voláteis que a humanidade poderia nem mesmo persistir além de um século — muito menos de um milênio —, a não ser que todas as nações adotem linhas de ação de baixo risco e sustentáveis com base na tecnologia atual. Mas isso demandaria um freio impossível de pôr a novas descobertas e invenções. Uma previsão mais realista é que a sobrevivência da sociedade na Terra será, neste século, exposta a novos desafios tão ameaçadores que o nível de radioatividade em Nevada daqui a milhares de anos parecerá extremamente irrelevante. De fato, o próximo capítulo sugere que tivemos sorte em sobreviver aos últimos cinqüenta anos sem enfrentar nenhuma catástrofe.

3. O relógio do Juízo Final: tivemos sorte em sobreviver até aqui?

A QUERRA FRIA NOS EXPÔS A RISCOS MAIS GRAVES DO QUE A MAIOR PARTE DE NÓS ACEITARIA POR VONTADE PRÓPRIA. O PERIGO DE DEVASTAÇÃO NUCLEAR CONTINUA A RONDAR, MAS AS AMEAÇAS QUE BROTAM DA NOVA CIÊNCIA SÃO AINDA MAIS INTRATÁVEIS..

Durante a maior parte da história humana, os piores desastres foram infligidos por forças ambientais — enchentes, terremotos, vulcões e ciclones — e pela pestilência. Mas as maiores catástrofes do século xx foram diretamente causadas por ações humanas: uma estimativa sugere que, juntando as duas guerras mundiais e os períodos susbseqüentes a elas, 187 milhões de pessoas pereceram[19] devido à guerra, a massacres, à perseguição ou à escassez de alimentos provocados por planos de ação. O século xx talvez tenha sido o primeiro durante o qual mais gente morreu em virtude de guerras e de regimes totalitários do que por desastres naturais. As catástrofes causadas pelo homem, no entanto, tinham como desculpa promover a melhoria do bem-estar, não só em países privilegiados, como também em boa parte do mundo em desenvolvimento, onde a esperança de vida ao nascimento quase dobrou e uma proporção menor de pessoas vive hoje em pobreza abjeta.

A segunda metade do século XX foi assaltada por uma ameaça muito mais grave do que qualquer uma das que até então haviam posto nossa espécie em perigo: a ameaça de guerra nuclear generalizada. Essa ameaça por enquanto está afastada, mas esteve sobre nossas cabeças por mais de quarenta anos. O próprio presidente Kennedy disse durante a crise cubana dos mísseis que as probabilidades de uma guerra nuclear estavam "entre 30% e 50%". É claro que o risco foi se acumulando ao longo de várias décadas: a qualquer momento a resposta a uma crise poderia ter saído de controle; os superpoderes poderiam ter nos conduzido ao armagedom por causa de confusão e erro de cálculo.

O enfrentamento dos mísseis de Cuba, em 1962, foi o evento que mais nos aproximou de uma troca nuclear premeditada. Segundo o historiador Arthur Schlesinger Jr., um dos assistentes de Kennedy na época:

> Esse não só foi o momento mais perigoso[20] da Guerra Fria. Foi o momento mais perigoso da história humana. Nunca antes dois poderes rivais detiveram a capacidade técnica de explodir o mundo. Felizmente, Kennedy e Kruchev eram líderes comedidos e sóbrios; senão, provavelmente não estaríamos aqui hoje.

Robert McNamara era na época secretário de Defesa dos Estados Unidos, cargo que também exerceu durante a escalada para a Guerra do Vietnã. Mais tarde ele escreveu:

> Mesmo que baixa, uma probabilidade de catástrofe é um grande risco e não creio que devamos continuar a aceitá-la. [...] Acredito

> que essa tenha sido a mais bem administrada dentre as crises da Guerra Fria, mas chegamos a um fio de cabelo da guerra nuclear sem nos dar conta disso. Não foi graças a nós que escapamos à guerra nuclear — no mínimo, acabamos precisando de sorte além de sabedoria. [...] Tornou-se muito claro para mim, como resultado da crise cubana dos mísseis, que a combinação indefinida de falibilidade humana (da qual nunca podemos nos livrar) e armas nucleares carrega consigo a probabilidade muito alta de destruir nações.[21]

Fomos todos arrastados para esse jogo arriscado durante a Guerra Fria. É provável que nem mesmo as avaliações mais pessimistas chegassem a um risco de guerra nuclear de 50%. Então não deveria nos surpreender o fato de que nós e nossa sociedade tenhamos sobrevivido; o mais provável era que sobrevivêssemos, e não o contrário. Não obstante, isso não quer necessariamente dizer que estávamos expostos a um risco prudente; e tampouco justifica a política dos superpoderes por várias décadas: intimidação nuclear por ameaça de retaliação maciça.

O RISCO VALEU A PENA?

Suponha que você seja convidado a jogar roleta-russa (com uma bala num revólver de seis câmaras) e informado de que, caso sobreviva, ganhará cinqüenta dólares. O resultado mais provável (cinco para um a seu favor) é que você se sairá bem: vivo e com cinqüenta dólares no bolso. Mesmo assim, a não ser que sua vida valha realmente muito pouco para você, a aposta seria imprudente — na verdade espantosamente idiota. O lucro teria que ser muito grande para que uma pessoa sensata arriscasse sua vida com essas chances: muitos poderiam ser tentados se o prêmio potencial fosse 5 milhões de dólares, e não apenas cinqüenta. Igualmente, se você se encontrasse numa condição médica com prognóstico muito ruim se não fosse operado, então — mas só então — poderia optar por uma cirurgia com uma chance em seis de matá-lo.

A pergunta é: valeu a pena nos sujeitarmos aos riscos aos quais o planeta inteiro esteve exposto durante a Guerra Fria? A resposta depende, obviamente, de qual era a probabilidade real de guerra nuclear, e nisso só o que podemos fazer é aceitar as opiniões autorizadas como a de McNamara, para quem ela foi substancialmente maior do que uma chance em seis. Mas a resposta também depende da nossa avaliação do que teria acontecido sem intimidação nuclear: quão provável teria sido a expansão soviética e se, de acordo com o velho slogan, para você, é melhor "ser comuna do que morto". Seria interessante saber a que risco os outros líderes durante aquele período acreditavam estar nos expondo, e que riscos a maior parte dos cidadãos teria aceitado se estivesse em posição de dar um consentimento consciente. Pessoalmente eu não teria escolhido arriscar uma chance em seis de um desastre que mataria centenas de milhões de pessoas e que estraçalharia o tecido físico de todas as nossas cidades, a despeito de que a alternativa fosse a certeza da tomada soviética da Europa ocidental. E é claro que as conseqüências devastadoras de uma guerra nuclear teriam se espalhado muito além dos países que acreditavam defender-se contra uma ameaça genuína, e cujos governos implicitamente aceitaram essa aposta: à maior parte do Terceiro Mundo, já vulnerável a desastres naturais, fora imposto esse perigo ainda mais grave.

UMA CORRIDA ARMAMENTISTA MOVIDA A CIÊNCIA

O *Bulletin of Atomic Scientists* [Boletim dos Cientistas Atômicos] foi fundado[22] no final da Segunda Guerra Mundial por um grupo de físicos com base em Chicago, muitos dos quais tinham trabalhado em Los Alamos, no Projeto Manhattan, projetando e construindo as bombas atômicas que foram jogadas em Hiroshima e em Nagasaki. Ele se manteve como um periódico próspero e influente, com foco no controle de armas e na regulamentação nuclear. O "logotipo" presente na capa de cada edição é um relógio, em que a proximidade dos ponteiros com a meia-noite indica quão precária é a situação mundial — ou pelo menos que o corpo editorial do *Bulletin* acredita ser. A cada poucos anos (às vezes com mais freqüência), o ponteiro dos minutos é movido para a frente ou para trás. Esses ajustes do relógio, que se estendem desde 1947 até o presente, acompanharam as sucessivas crises nas relações internacionais: agora está mais próximo da "meia-noite" do que esteve ao longo dos anos 1970.

A era em que o relógio indicou perigo máximo foi na verdade a década de 1950: naquela época ele exibia um período de tempo que equivalia a dois ou três minutos para a meia-noite. Em retrospecto, essa avaliação parece correta. Tanto os Estados Unidos como a União Soviética adquiriram bombas H durante aqueles anos, assim como um número ainda maior de armas atômicas (de fissão). Também em retrospecto, a Europa teve sorte em escapar da devastação nuclear nos anos 1950. A manutenção das bombas nucleares de batalha (uma delas conhecida como "Davy Crockett") era feita pelos batalhões; as salvaguardas eram menos sofisticadas do que se tornariam mais tarde, e havia perigo real de uma guerra nuclear explodir por erro de cálculo ou por inadvertência; uma vez desencadeada, ela poderia sair de controle. O mundo parecia estar com um pavio ainda mais curto quando bombardeiros foram suplementados com mísseis balísticos muito mais rápidos, capazes de atravessar o Atlântico em meia hora, dando ao outro lado somente uns poucos minutos para tomar a decisão fatídica de retaliar em massa antes que seu próprio arsenal fosse destruído.

Depois da crise cubana dos mísseis, o perigo nuclear tomou maiores proporções na agenda política: havia mais ímpeto para assinar tratados de controle de armas, a começar por uma proibição de testes nucleares na atmosfera, assinada em 1963. Porém, não houve folga na corrida para desenvolver armamentos mais "avançados". McNamara comentou que "virtualmente toda inovação técnica na corrida armamentista veio dos Estados Unidos. Mas sempre foi equiparada com rapidez pelo outro lado".[23] Essa síndrome era exemplificada pelo forte desenvolvimento que se deu ao final dos anos 1960. Nessa época, os engenheiros descobriram como transportar múltiplas ogivas num único míssil, e apontá-las independentemente para alvos diferentes. Conhecido como MIRVing (o acrônimo é de "Multiple Independently Targeted Reentry Vehicle" [veículo de reentrada múltiplo com alvos independentes]), ele foi concebido por tecnólogos norte-americanos e depois implementado tanto por eles como por suas contrapartidas soviéticas. O resultado líquido dessa e de outras inovações foi tornar ambos os lados menos seguros. Cada um construía a "pior das hipóteses" sobre qualquer coisa que o outro lado fizesse, superestimava a ameaça e exagerava na reação.

Outra inovação — mísseis antimísseis para proteger cidades e pontos estratégicos contra torpedos — foi barrada por um acordo entre os superpoderes, o Tratado Antibalístico de Mísseis (ABM). Cientistas ajudaram a intermediá-lo com argumentos de que qualquer defesa desestabilizaria o "equilíbrio do terror" e levaria a contramedidas que a anulariam.

No início dos anos 1980, o relógio do *Bulletin* estava perto da meia-noite outra vez. Naquela época, novas armas nucleares de alcance médio foram introduzidas no Reino Unido e na Alemanha, supostamente para dar mais credibilidade à ameaça de retaliação no caso de um ataque soviético à Europa ocidental. Os assuntos em pauta ainda envolviam a redução do risco sempre presente de escalada em direção a uma catastrófica guerra nuclear, fosse por avaria, por erro de cálculo ou por estratégia premeditada. O risco em um único ano podia ser pequeno, mas as probabilidades se multiplicariam se as condições não mudassem.

O arsenal nuclear naquela década equivalia a dez toneladas de TNT para cada pessoa na Rússia, na Europa e na América. Carl Sagan e outros lançaram um debate sobre a produção, por meio da troca nuclear generalizada, de um inverno nuclear:[24] um bloqueio global do Sol com resultados, incluindo a extinção em massa, similares aos que seriam desencadeados pelo impacto de um asteróide ou cometa gigantes. Por fim eles concluíram que nem mesmo a detonação de 10 mil megatoneladas causaria um blecaute global prolongado, embora ainda haja incertezas a respeito da modelagem (em particular, que altitude na estratosfera os dejetos atingiriam e por quanto tempo ficariam lá). Mas o cenário de "inverno nuclear" levantava a perspectiva inquietante de que as principais vítimas de uma guerra nuclear seriam as populações da Ásia meridional, da África e da América Latina, que em geral nada tinham a ver com a Guerra Fria.

Aquele era o tempo da Iniciativa de Defesa Estratégica — Guerra nas estrelas —, que levou a uma nova discussão sobre a questão do Tratado Antibalístico de Mísseis. Parecia tecnicamente impossível construir um "escudo" defensivo que fosse eficaz o suficiente para atingir o objetivo declarado do presidente Reagan de tornar as armas nucleares "impotentes e obsoletas"; contramedidas sempre deram vantagem à ofensiva. Esse tratado está outra vez ameaçado pelos Estados Unidos porque dificulta o desenvolvimento de um sistema de defesa antimísseis contra eventuais lançamentos de mísseis por "Estados problemáticos". A principal objeção ao tipo de sistema defensivo em questão é que, mesmo que desse certo, a despeito de demandar dispêndios e esforços significativos, ele fracassaria em fazer frente ao mais básico ataque nuclear dos "Estados problemáticos": o envio de uma bomba por navio ou por caminhão. Revogar aquele tratado também seria lamentável porque abriria caminho para a "armamentização" do espaço. Armas anti-satélites são completamente factíveis e até relativamente fáceis de desenvolver. Comparado ao desafio de interceptar um míssil, um objeto numa órbita previsível e de longa duração seria um alvo fácil: satélites de comunicação, navegação e vigilância poderiam ser abatidos com facilidade. Outro risco é o oferecido por um "Estado problemático" que resolvesse neutralizar defesas antimísseis baseadas em satélites poluindo o espaço com entulho em órbita, um estratagema que obstruiria qualquer uso do espaço por satélites de baixa órbita.

Solly Zuckerman, por muito tempo conselheiro científico do governo do Reino Unido, foi (após sua aposentadoria) tão eloqüente quanto Robert McNamara ao denunciar o perigoso absurdo da cadeia de eventos que elevou os arsenais nucleares norte-americanos e soviéticos a tão grotesco nível de exagero. Segundo Zuckerman:

> A razão básica da irracionalidade do processo todo [era] o fato de que as idéias para um novo sistema de armas não eram provenientes das Forças Armadas, mas de grupos diferentes de cientistas e tecnologistas. [...] Um novo futuro com suas ansiedades era moldado por tecnologistas, não porque estivessem preocupados com alguma imagem visionária de como o mundo deveria evoluir, mas simplesmente porque era seu trabalho. [...] Em sua base, o impulso da corrida armamentista é sem dúvida fornecido pelos técnicos em laboratórios governamentais e nas indústrias que produzem os armamentos.[25]

Aqueles profissionais que trabalhavam em laboratórios de armas cujas habilidades se comprovassem acima da competência rotineira, ou que dessem mostras de alguma originalidade, acrescentavam seu grão de areia a essa tendência ameaçadora. Na opinião de Zuckerman, os cientistas de armas

> se tornaram os alquimistas de nossos tempos, trabalhando de formas secretas que não podem ser divulgadas, lançando feitiços que nos envolvem a todos. Eles podem nunca ter estado na batalha, podem nunca ter experimentado a devastação da guerra; mas eles sabem como projetar os meios de destruição.

Zuckerman escreveu isso nos anos 1980. Hoje, as inovações alcançadas até aqui teriam intensificado em muito a corrida nuclear se não fosse a completa mudança que a agenda sofreu. Após o fim da Guerra Fria, a ameaça de uma troca nuclear maciça não pairava mais de forma tão iminente sobre nós (embora milhares de mísseis ainda estejam posicionados nos Estados Unidos e na Rússia). No início da década de 1990, o relógio do *Bulletin* regrediu até dezessete minutos para a meia-noite. Mas desde então ele tem avançado furtivamente: em 2002, estava em sete minutos para a meia-noite. Temos diante de nós a proliferação de armas nucleares (na Índia e no Paquistão, por exemplo), além de novos riscos e incertezas desconcertantes. Talvez eles não nos ameacem com uma súbita catástrofe mundial — o relógio do Juízo Final não é uma metáfora tão boa assim —, entretanto, em conjunto, são igualmente preocupantes e desafiantes. Parece haver algo quase confortável, pelo menos em retrospecto, na paralítica mas relativamente previsível política da "era da estagnação" de Leonid Brejnev e da rivalidade dos superpoderes.

Arsenais nucleares imensos persistiram ao longo dos anos 1990, como na verdade ainda persistem. Acordos para reduzir o número de armas nucleares posicionadas são bem-vindos, mas criam o problema de gerenciar e desfazer-se das 20 ou 30 mil bombas e mísseis que permanecem espalhados. Os tratados exigem que a maior parte dessas ogivas seja desativada. Como medida imediata, elas podem ser postas num estado de menor prontidão ou alerta; programas de mira podem ser revogados; ogivas podem ser retiradas de mísseis e armazenadas separadamente. É óbvio que isso põe tudo num pavio mais longo, e em condições nas quais é preciso menos gente e conhecimento para manter o arsenal com segurança. Mas levará muito mais tempo — e será um desafio técnico de porte — para afinal nos livrarmos de todas essas armas, e para acondicionar com segurança seu urânio e plutônio. O urânio 235 altamente enriquecido se torna menos perigoso, embora ainda utilizável em reatores nucleares pacíficos, se misturado a urânio 238. Em 1993, os Estados Unidos concordaram em comprar da Rússia, ao longo de um período de vinte anos, até quinhentas toneladas de urânio de qualidade armamentista nessa forma diluída. Jogar plutônio fora é menos simples. Os russos relutam em enxergar esse material obtido a duras penas como "lixo": no entanto, as usinas nucleares existentes não usam o tipo de reator "breeder", capaz de queimá-lo diretamente. As melhores opções são enterrá-lo ou inutilizá-lo para uso em armas, misturando-o com rejeitos radioativos ou queimando-o parcialmente em um reator nuclear. Segundo Richard Garwin e Georges Charpak, "o total de material excedente na Rússia geraria algo como 10 mil armas de plutônio e 60 mil armas de urânio para implosão. Proteger esse material é uma tarefa realmente gigantesca".[26]

Até que esse descarte tenha sido feito, devem-se manter a segurança e um inventário confiável para todas as armas na antiga União Soviética: senão, estaria em jogo muito mais do que o arsenal inteiro de poderes nucleares "menores". De fato, há inquietação real — apesar de não haver evidência palpável — de que, durante a turbulência da transição no início dos anos 1990, grupos terroristas ou rebeldes podem ter surrupiado tais armas.

Construir um míssil de longo alcance carregando uma ogiva

compacta ainda está muito além dos recursos que possuem os grupos dissidentes. Mas até essa perspectiva se tornou menos improvável e não pode ser descartada. Por exemplo, agora que os sinais de satélites de GPS estão ao alcance de todos, um míssil guiado poderia ser conduzido por um programa disponível no comércio. E um míssil de vôo rasante seria mais difícil de monitorar do que um míssil balístico. Métodos que exigem conhecimentos técnicos em menor escala, e que também escapariam de defesas antimíssil, incluem a detonação de uma arma transportada num caminhão ou num navio e a construção de um mecanismo explosivo simples que pode ser montado, usando urânio enriquecido roubado, num apartamento na cidade. Ao contrário de uma bomba carregada por um míssil, esta não deixaria rastros de sua proveniência.

FAZENDO FRENTE À DISSEMINAÇÃO DE ARMAS

Em um aspecto, pelo menos, a cena nuclear poderia ser muito pior. O número de potências nucleares cresceu, mas não tão rápido quanto muitos pânditas tinham previsto. Deve haver uns dez, contando proliferadores não declarados como Israel; contudo, pelo menos vinte países poderiam ter superado o limiar técnico se quisessem, mas renunciaram a qualquer papel nuclear: Japão, Alemanha e Brasil, por exemplo. A África do Sul desenvolveu seis armas nucleares, porém já as desmontou.

Quando começou a ser aplicado, em 1967, o Tratado de Não-Proliferação (TNP) admitiu a condição especial das cinco potências que, àquela época, já possuíam armas nucleares: Estados Unidos, Reino Unido, França, Rússia e China. Para tornar tal "discriminação" menos impalatável para outras nações, o tratado afirmava que essas potências nucleares deveriam "buscar negociar de boa-fé medidas efetivas com relação à cessação da corrida armamentista [...] e à descontinuação de todas as explosões-teste de armas nucleares para todo o sempre".

O TNP teria melhores ventos atrás de si se essas cinco nações, como era sua parte no acordo, reduzissem os próprios arsenais de maneira mais drástica. Segundo os tratados atuais, serão necessários mais dez anos até que o posicionamento de tropas dos Estados Unidos diminua, nem que seja para 2 mil ogivas; além disso, as ogivas desativadas não seriam irreversivelmente destruídas, e sim armazenadas. Os poderes nucleares não têm se esforçado para promover a proibição generalizada de testes, medida que restringiria o desenvolvimento de armas ainda mais sofisticadas. Os Estados Unidos se recusaram a ratificar esse tratado. A realização ocasional de testes é supostamente necessária a fim de verificar que armas existentes no arsenal permanecem "confiáveis" — em outras palavras, prontas para explodir quando for o caso. Continua o debate sobre até que ponto seria possível assegurar confiabilidade com a realização de testes separados dos componentes, por simulações de computador, por exemplo. De todo jeito, não há muita certeza a respeito de quão importante essa confiança é, a não ser para um agressor que planeje dar o primeiro golpe: um míssil nuclear se mantém como um instrumento de intimidação mesmo que a chance de sua carga explodir não passe de 50%. Também se afirma que os testes são necessários para garantir a "segurança" das armas — que não vão explodir ou soltar radioatividade perigosa caso sejam manuseadas erroneamente. Outro argumento contra uma proibição generalizada dos testes é que é impossível verificar com confiança se ela está sendo respeitada. Não obstante os testes subterrâneos com mais que poucas quilotoneladas tenham uma assinatura sísmica inconfundível, aqueles com menos de uma quilotonelada podem ser mascarados pelo número maior de pequenos terremotos, e portanto abafados desde que conduzidos em grandes cavidades. Debate-se a quantidade de estações sísmicas que seriam necessárias para tal verificação, bem como a possibilidade de a evidência sísmica ser suplementada com inteligência ou vigilância por satélite. Em um relatório da National Academy of Sciences dos Estados Unidos[27] argumenta-se que testes não detectáveis não seriam factíveis e que é desnecessário realizá-los para manter arsenais existentes, somente para desenvolver novas armas "avançadas".

Uma proibição generalizada a testes não estancaria por si a proliferação porque é possível fazer uma bomba de fissão de primeira geração respeitável sem um teste. Mas uma proibição inibiria os poderes nucleares existentes (sobretudo dos Estados Unidos) de desenvolver novos tipos de bomba e melhoraria o clima para o Tratado de Não-Proliferação, que os intima a reduzir seus arsenais. Para fazer frente à proliferação, muito mais crucial é ampliar o papel da Agência Internacional de Energia Atômica de monitoramento de material nuclear novo e efetuar inspeções *in loco*. Essa, claro, foi a questão que desencadeou a crise sobre o Iraque.

Mas o que realmente importa são os incentivos que as nações podem ver em juntar-se ao clube nuclear. As potências nucleares existentes poderiam ajudar minimizando o papel das armas nucleares em suas posturas defensivas. Declarações recentes dos Estados Unidos, e até do Reino Unido, sobre o uso possível de armas nucleares de baixa potência para atacar esconderijos subterrâneos são, nesse aspecto, um verdadeiro retrocesso. Elas turvam o limiar nuclear e tornam o uso de armas nucleares menos impensável, além de aumentar o incentivo para que outros países arranjem suas próprias bombas, um estímulo que já está mais forte porque não parece haver outra forma de deter ou de enfrentar pressões indesejadas por parte dos norte-americanos, cuja vantagem nos armamentos convencionais "modernos" é tão esmagadora que esse superpoder pode impor sua vontade sobre as outras nações com um custo humano mínimo para si.

CIENTISTAS PREOCUPADOS

Os cientistas atômicos de Chicago não foram os únicos de fora do governo a tentar influenciar o debate político sobre a ameaça nuclear que se instalou após o fim da Segunda Guerra Mundial. Outro grupo preparou uma série de conferências[28] que recebeu o nome do vilarejo Pugwash, na Nova Escócia, onde a primeira dessas conferências foi realizada com o apoio do milionário canadense Cyrus Eaton, ali nascido. Os participantes nas primeiras conferências Pugwash eram provenientes tanto da União Soviética como do Ocidente e em geral participaram ativamente daquele evento bélico, trabalharam no projeto da bomba ou no de radar e mantiveram uma inquietação a respeito desde então. Sobretudo durante as décadas de 1960 e 1970, as conferências Pugwash forneceram um contato informal precioso entre os Estados Unidos e a União Soviética quando havia poucos canais formais.

Restam ainda alguns sobreviventes formidáveis dessa geração. O mais velho é Hans Bethe, nascido em 1906 em Estrasburgo, na Alsácia-Lorena. Nos anos 1930 ele já era um eminente físico nuclear. Bethe saiu da Alemanha para ocupar um posto acadêmico nos Estados Unidos e durante a Segunda Guerra Mundial se tornou chefe da divisão teórica em Los Alamos. Mais tarde, ele voltou para a Universidade Cornell, onde mesmo no novo século continuou a atuar ativamente tanto na promoção do controle de armas como na pesquisa (seu mais recente interesse é a teoria da explosão de estrelas e supernovas). De todos os físicos vivos, Bethe deve ser um dos mais universalmente respeitados, aclamado não só por sua ciência, como também pela persistente preocupação e pelo envolvimento com suas conseqüências. Talvez ele seja o único entre os físicos a ter publicado trabalhos de qualidade por mais de 75 anos. Em 1999, sua atitude em relação à pesquisa militar endureceu e ele instou os cientistas a "cessar e desistir do trabalho de criação, desenvolvimento, melhoramento e manufatura de armas nucleares e de outras armas de potencial destruição em massa",[29] com o argumento de que isso dava força à corrida armamentista.

Outro veterano de Los Alamos que tive o privilégio de conhecer é Joseph Rotblat. Dois anos mais novo que Bethe, em sua infância polonesa ele passou pelas dificuldades da Primeira Guerra Mundial e começou sua carreira como cientista pesquisador em seu país natal. Em 1939, seguiu como refugiado para a Inglaterra para trabalhar com o eminente físico nuclear James Chadwick em Liverpool; sua mulher nunca pôde juntar-se a ele e faleceu num campo de concentração. Rotblat entrou para o Projeto Manhattan em Los Alamos como parte do pequeno contingente britânico. Mas decidiu partir prematuramente quando ficou claro que a derrota alemã estava próxima, porque em sua mente o projeto da bomba só se justificaria como contrapeso a uma possível arma nuclear nas mãos de Hitler. Na verdade, ele se lembra de ter ficado desiludido ao ouvir o general Groves, chefe do projeto, anunciar já em março de 1944 que o propósito principal da bomba era "subjugar os russos".

Rotblat voltou à Inglaterra, onde se tornou professor em física médica e pioneiro na pesquisa dos efeitos da exposição à radiação. Em 1955, ele estimulou Bertrand Russell a preparar um manifesto[30] ressaltando a urgência de reduzir o perigo nuclear. Um dos últimos atos de Einstein foi concordar em ser co-signatário. Foi esse eloqüente manifesto, cujos autores declaravam "falar nesta ocasião não como membros desta ou daquela nação, continente ou credo, mas como seres humanos, membros da espécie Homem, cuja existência continuada está em jogo", que provocou a realização das conferências Pugwash em 1957; desde então, Rotblat tem sido seu "principal agitador" e incansável inspiração. Tais conferências foram reconhecidas pelo prêmio Nobel da Paz de 1995, portanto era mais do que apropriado que metade do valor do prêmio fosse destinada à organização Pugwash e que a outra metade fosse entregue a Rotblat em pessoa. Agora com 94 anos, Rotblat ainda prossegue, com o dinamismo de um homem com a metade da sua idade, sua infatigável campanha para livrar o mundo completamente das armas nucleares. Esse objetivo é com freqüência considerado irreal, abraçado somente por grupos marginais e idealistas truculentos e não pensantes. Rotblat permanece um idealista, mas sem ilusões a propósito do abismo entre esperança e expectativa, e sua defesa da causa contribui para aumentar o apoio a ela.

"A sugestão de que armas nucleares possam ser perpetuamente retidas sem que nunca sejam usadas — acidentalmente ou por decisão — desafia a credibilidade." Essa firme declaração está registrada em um relatório de 1997 preparado por um grupo internacional reunido pelo governo australiano e conhecido como a Comissão de Camberra.[31] Entre seus membros incluíam-se não só Rotblat, como também Michel Rocard, antigo primeiro-ministro da França, Robert McNamara e generais e altos oficiais aposentados do Exército e da Aeronáutica. A comissão observou que a única utilidade militar das armas nucleares era inibir seu uso por outros e sugeriu propostas passo a passo para caminharmos, de forma politicamente estável, em direção a um mundo sem armas nucleares.

Aqueles que foram arrancados de plácidos laboratórios acadêmicos para se juntarem ao Projeto Manhattan pertenciam ao que em retrospecto parece ser a "geração de ouro" da física: muitos foram essenciais no estabelecimento da nossa visão moderna de átomos e núcleos. Eles percebiam que o destino os mergulhara em eventos memoráveis. A maior parte deles retomou o trabalho acadêmico em universidades, mas manteve a preocupação com as armas nucleares por toda a vida. Todos foram profundamente marcados pelo seu envolvimento, ainda que de formas distintas, como mostram as contrastantes carreiras pós-guerra de duas das personalidades mais proeminentes, J. Robert Oppenheimer e Edward Teller.[32] (Andrei Sakharov, o mais celebrado equivalente soviético desses dois americanos, pertencia a uma geração ligeiramente mais jovem e participou do desenvolvimento pós-guerra da bomba H.)

Os cientistas atômicos de Chicago, assim como os pioneiros do movimento Pugwash, deram um exemplo admirável para pesquisadores em qualquer ramo da ciência que tenha sério impacto social. Eles não disseram que eram "só cientistas" e que o uso que se fizesse de seu trabalho era problema dos políticos. Eles assumiram a linha de que os cientistas têm o dever de alertar o público para as conseqüências de seu trabalho, e de que é preciso estar sempre atento para o modo como suas idéias são aplicadas. Sentimos que falta algo a pais que não se preocupam com o que acontece a seus filhos na vida adulta, ainda que em geral isso esteja além de seu controle. Da mesma forma, os cientistas não deveriam ser indiferentes aos frutos de sua pesquisa: caberia a eles acolher (e na verdade cultivar) desenvolvimentos benéficos, mas resistir, tanto quanto possível, a aplicações perigosas ou ameaçadoras.

Neste século, os dilemas e as ameaças virão da biologia e das ciências da computação, assim como da física: em todos esses campos, a sociedade precisará insistentemente de equivalentes atuais de Bethe e Rotblat. Cientistas universitários e empresários independentes têm uma obrigação especial por ter mais liberdade do que aqueles que estão a serviço do governo ou de empregados de companhias sujeitas a pressões comerciais.

4. Ameaças pós-2000: terror e erro

UM MILHÃO DE PESSOAS PODERIA MORRER POR BIOTERROR OU BIOERRO. QUE EFEITO ESSE PRESSÁGIO TEM PARA DÉCADAS POSTERIORES?

Estou terminando este capítulo em dezembro de 2002, pouco mais de um ano depois dos ataques de 11 de setembro nos Estados Unidos. Persiste o medo de que mais atentados inscrevam outras datas trágicas em nossa memória coletiva. Uma sucessão de homens-bomba suicidas está aterrorizando Israel. Os homens-bomba são jovens palestinos inteligentes (mulheres e homens) com um idealismo distorcido. No final do século XX, grupos terroristas organizados com objetivos políticos racionais (por exemplo, aqueles atuantes na Irlanda) se abstiveram do pior de que seriam capazes porque, mesmo com sua perspectiva distorcida, perceberam que havia um limite além do qual um atentado seria contraproducente à própria causa que defendiam. Os terroristas da Al-Qaeda que jogaram aviões contra o World Trade Center e o Pentágono não tinham tais inibições. Se dispusessem de uma arma nuclear, esses grupos a detonariam de bom grado no centro de uma cidade, matando dezenas de milhares junto com eles mesmos; e milhões ao redor do mundo os aclamariam como heróis. As conseqüências poderiam ser ainda mais catastróficas se um fanático suicida se infectasse intencionalmente com varíola e iniciasse uma epidemia; no futuro pode haver vírus ainda mais letais (e sem antídoto).

O manifesto Einstein-Russell tinha isto a dizer sobre as preocupações de cientistas bem informados nos anos 1950 com respeito à ameaça nuclear:

> Nenhum deles dirá que os piores resultados estão corretos. O que eles dizem, sim, é que esses resultados são possíveis, e ninguém pode ter certeza de que não se realizarão. Até agora não descobrimos se, em algum grau, as opiniões dos especialistas nessas questões dependem de sua política ou de preconceitos. Elas dependem somente, até onde nossas pesquisas revelaram, da extensão do conhecimento específico de cada especialista. Descobrimos que os [especialistas] que sabem mais são os mais sombrios.

O mesmo poderia ser dito hoje sobre outros riscos tão sérios quanto aqueles que agora nos ameaçam. A tecnologia do século XXI nos confronta com uma série de perspectivas letais que ainda não estavam no horizonte durante a era da Guerra Fria. Além disso, os perpetradores em potencial são também mais heterogêneos e mais ardilosos. As novas ameaças mais importantes são "assimétricas": elas provêm não de Estados, mas de grupos subnacionais e até de indivíduos.

Ainda que todas as nações imponham regulamentos rígidos sobre o manuseio de material nuclear e vírus perigosos, as chances de que sejam respeitados no mundo todo não são melhores do que a atual aplicação das leis contra as drogas ilegais. Uma única infração poderia desencadear um desastre generalizado. Tais riscos simplesmente não podem ser de todo eliminados. E o que é muito pior, eles parecem determinados a tornar-se mais irredutíveis e mais ameaçadores. Sempre haverá solitários descontentes em todos os países, e a "pressão" que cada um pode exercer está aumentando. E há outras ameaças bem diferentes. No ciberespaço, por exemplo, tentativas para tornar sistemas mais robustos e seguros opõem-se à engenhosidade crescente dos criminosos que podem tentar infiltrar-se e sabotar esses sistemas.

MEGATERROR NUCLEAR

O "megaterrorismo" nuclear é um risco dos maiores. O romance de Tom Clancy,[33] *The Sum of Our Fears* [A soma de todos os medos], que foi transportado para as telas em 2002, retrata a devastação de um estádio de futebol lotado por um dispositivo nuclear roubado. A energia nuclear é um milhão de vezes mais eficiente, por quilograma, do que explosões químicas. A bomba usada no ataque da cidade de Oklahoma, que matou mais de 160 pessoas — até 11 de setembro de 2001, o maior ataque da história em território norte-americano —, era equivalente a cerca de três toneladas de TNT. Os arsenais nucleares da antiga União Soviética e dos Estados Unidos chegam a essa quantidade de poder explosivo para cada pessoa no mundo, daí o perigo de que mesmo uma minúscula fração desse arsenal — uma única das dezenas de milhares de ogivas existentes — se extravie.

As bombas nucleares movidas a plutônio têm que ser acionadas por uma implosão precisamente configurada. Trata-se de um desafio técnico, talvez algo desafiante demais para grupos terroristas. Mas a superfície de uma bomba convencional poderia ser revestida de plutônio para fazer uma "bomba suja". Uma arma como essa não provocaria mais mortes imediatas do que uma bomba convencional grande, contudo os estragos causados a longo prazo por poluir uma grande área com níveis inaceitáveis de radiação seriam severos. Um risco terrorista ainda maior vem do urânio enriquecido (U_{235} separado) porque é muito mais fácil provocar uma explosão nuclear genuína usando esse combustível. O físico Luis Alvarez, agraciado com o prêmio Nobel, afirmou:

> Com o urânio armamentista moderno [...] os terroristas teriam uma boa chance de detonar uma explosão de grande alcance simplesmente jogando metade do material em cima da outra metade. A maior parte das pessoas não parece ter consciência de que, se o U_{235} separado estiver à mão, é um serviço trivial detonar uma explosão nuclear, ao passo que, se houver somente plutônio disponível, fazê-lo explodir é a tarefa técnica mais difícil que conheço.[34]

Alvarez menospreza indevidamente a dificuldade de fazer uma arma de urânio. Porém, uma explosão poderia ser alcançada usando um canhão ou um morteiro para propulsionar uma massa subcrítica, configurada como cartucho ou bala, contra outra massa subcrítica na forma de um anel ou cilindro oco.

Uma explosão nuclear no World Trade Center,[35] envolvendo dois pedaços de urânio enriquecido do tamanho de melões, teria devastado cinco quilômetros quadrados do sul de Manhattan, incluindo toda a Wall Street. Mataria centenas de milhares de pessoas se explodisse durante o expediente. Devastação semelhante ocorreria se houvesse ataques em outras cidades. E explosivos convencionais poderiam desencadear um desastre quase na mesma escala se, por exemplo, fossem lançados para detonar imensos tanques de armazenamento de petróleo ou gás natural. (Na verdade, o ataque em 1993 ao World Trade Center poderia ter sido tão destrutivo quanto o de 2001 se a explosão, detonada em um canto das fundações, tivesse causado o tombamento de uma torre e a destruição da outra.)

"Já matamos o dragão, mas agora vivemos numa selva cheia de cobras peçonhentas",[36] disse James Wolsey, antigo diretor da CIA, em 1990. Ele se referia à turbulência que se seguiu ao colapso da União Soviética e ao fim da Guerra Fria. Uma década mais tarde, sua metáfora é ainda mais apropriada para os grupos dissimulados que nos ameaçam.

Esses riscos a curto prazo ressaltam a urgência de salvaguardar o plutônio e o urânio enriquecido nas repúblicas da antiga União Soviética. Talvez já seja tarde demais. A administração era negligente no turbilhão político do início dos anos 1990: rebeldes chechenos e outros grupos subnacionais podem já ter se apropriado de algumas armas.

Em 2001, os Estados Unidos fizeram cortes numa proposta de subvenção de 3 bilhões de dólares à Rússia e aos outros Estados da antiga União Soviética para desativar armas, evitar a "defecção" de especialistas científicos e desfazer-se do plutônio — esforços que com certeza merecem mais prioridade do que "a defesa nacional contra mísseis". Um desenvolvimento positivo, no entanto, tem sido a Iniciativa de Ameaça Nuclear, chefiada pelo ex-senador Sam Nunn e financiada sobretudo por Ted Turner, presidente da CNN, que está usando recursos próprios e sua influência política para estimular medidas capazes de reduzir a ameaça.

O terrorismo é um novo risco que afeta nossa atitude em relação a usinas nucleares civis — aumentando os encargos tradicionais de alto custo de capital, os problemas de desativação e o legado de lixo tóxico deixado para as gerações futuras. Uma usina de energia abriga não só o "núcleo" altamente radioativo, como também um estoque de elementos combustíveis usados que poderia ser muito vulnerável. Mesmo este último, se incendiado, poderia soltar dez vezes mais césio 137 (com meia-vida de trinta anos) do que o acidente de Chernobyl.

Projetistas de reatores nucleares tinham por objetivo reduzir a probabilidade de acidentes graves a menos de um por milhão de "anos de reatores". Para fazer tais cálculos, todas as combinações possíveis de deslizes e falhas de subsistema têm que ser incluídas. Entre elas há a possibilidade de que um grande avião se choque contra o reservatório de contenção.[37] Registros de acidentes aéreos (e projeções para o futuro) nos informam a quantidade de aviões que provavelmente cairão. Em toda a Europa e América do Norte são só uns poucos por ano. A chance de que um deles se choque contra um edifício específico é tranqüilizadoramente baixa, muito menos do que uma em um milhão por ano. Mas agora sabemos que esse não é o cálculo correto. Ele ignora a possibilidade, terrivelmente familiar, de que terroristas camicases mirem bem num desses alvos, usando um grande jato cheio de combustível ou um avião menor carregado com explosivos. A probabilidade de tal evento não pode ser avaliada nem mesmo pelos técnicos ou engenheiros mais astutos: é uma questão de percepção política ou sociológica. Porém, é preciso ser um otimista ingênuo para avaliá-la em menos de uma em cem por ano. Se essa estimativa tivesse sido incluída nas avaliações de risco quando as usinas nucleares ainda estavam em planejamento, os projetos atuais poderiam não ter sido sancionados. Poderia tornar-se incumbência de todos os novos projetos submeter-se a padrões de segurança que podem até exigir que sejam postos em subterrâneos.

O papel da energia nuclear poderia de qualquer forma reduzir-se durante os próximos vinte anos se se puser fim às usinas nucleares existentes sem substituí-las. Muitos milhares de novas usinas elétricas poderiam ser necessários se a energia nuclear contribuísse substancialmente para o objetivo mundial de reduzir as emissões de gases estufa. Muito além das ameaças de sabotagem e terrorismo, o risco de acidentes aumenta quando a manutenção é negligente. Os históricos de segurança ineficiente de algumas empresas aéreas do Terceiro Mundo põem em perigo sobretudo aqueles que voam nelas; reatores com manutenção deficiente impõem uma ameaça que não respeita fronteiras nacionais.

A energia nuclear poderia ter um futuro mais brilhante se novos tipos de reatores de fissão capazes de superar os problemas de segurança e desativação dos modelos atuais fossem usados rotineiramente. Outra perspectiva de longo prazo é a fusão nuclear: uma versão controlada do processo que mantém o Sol brilhando e impulsiona a bomba H. A fusão há muito tem sido aclamada como uma fonte inexaurível de energia. Mas o objetivo retrocedeu: após uma falsa alvorada nos anos 1950, antes que se percebessem as dificuldades reais, a fusão continua parecendo estar a pelo menos trinta anos de distância.

A vantagem principal da energia nuclear, tanto de fusão como de fissão, é que ela resolve dois problemas ao mesmo tempo: reservas de petróleo limitadas e aquecimento global. Mas há uma opção preferível, em termos ambientais e de segurança: as fontes renováveis. Estas certamente fornecerão uma fração crescente das necessidades mundiais, mas não serão capazes de suprir a demanda total sem algumas inovações técnicas. Turbinas eólicas por si não serão suficientes e a conversão atual de energia solar é cara e ineficiente. No entanto, se a luz do Sol pudesse ser aproveitada por algum material fotovoltaico barato e eficiente que possa ser estendido sobre imensas áreas de terra improdutiva, então a chamada "economia do hidrogênio" seria factível: a energia elétrica movida à luz solar poderia extrair hidrogênio da água; esse hidrogênio seria utilizado em células de combustível, que substituiriam os motores de combustão interna.

Mais inquietante do que os perigos nucleares são os riscos potenciais oriundos da microbiologia e da genética. Por décadas, várias nações mantiveram programas substanciais e em grande parte secretos para desenvolver armas químicas e biológicas. Existe uma habilidade crescente em projetar e dispersar patógenos letais, inclusive nos Estados Unidos e no Reino Unido, onde programas de pesquisa constantemente tentam melhorar contramedidas a ataques biológicos. Suspeita-se que o Iraque mantenha um plano ofensivo; vários outros países (a África do Sul, por exemplo) subsidiaram programas dessa natureza no passado.

Nas décadas de 1970 e 1980, a União Soviética estava engajada na maior mobilização de conhecimento científico já vista para desenvolver armas biológicas e químicas. Kanatjan Alibekov era em certo momento o segundo cientista no programa soviético Biopreparat; ele desertou para os Estados Unidos em 1992, ocidentalizando seu nome para Ken Alibek. Segundo seu livro *Biohazard* [Bioperigo],[38] ele era responsável por mais de 30 mil subordinados. São descritos os esforços para modificar organismos de forma a torná-los mais virulentos e resistentes a vacinas. Em 1992, Bóris Ieltsin admitiu algo de que os observadores ocidentais desconfiavam havia muito: pelo menos 66 mortes misteriosas na cidade de Sverdlovsk que ocorreram no ano de 1979 foram causadas por esporos de antraz que vazaram de um laboratório Biopreparat.

O problema em detectar a fabricação ilícita de armas nucleares não é nada comparado à tarefa de verificar a submissão nacional a tratados sobre armas químicas e biológicas. E mesmo isso é fácil em comparação com o desafio de monitorar grupos subnacionais e indivíduos. Por muito tempo as guerras biológicas e químicas foram vistas como opções baratas para Estados sem armas nucleares. Mas não é mais preciso um Estado, nem mesmo uma grande organização, para armar um ataque catastrófico: os recursos necessários poderiam ser adquiridos por pessoas físicas. A manufatura de substâncias químicas ou toxinas letais requer equipamento de escala modesta que, além do mais, é essencialmente o mesmo usado em programas médicos ou agrícolas: as técnicas e os conhecimentos têm "dupla face". Temos aqui outro contraste com programas nucleares, em que o enriquecimento de urânio necessário para fabricar armas de fissão eficientes requer equipamento elaborado sem nenhum uso alternativo legítimo. Nas palavras de Fred Ikle:

> O conhecimento e as técnicas para fabricar superarmas biológicas estarão dispersos entre laboratórios de hospitais, institutos de pesquisa agrícola e fábricas pacíficas em toda parte. Somente um Estado com policiamento opressivo poderia assegurar controle total, pelo governo, sobre essas novas ferramentas para destruição em massa.[39]

Milhares de indivíduos, talvez até milhões, podem algum dia adquirir a capacidade de disseminar "armas" que poderiam causar epidemias generalizadas (até mundiais). Alguns adeptos de um culto de morte, ou mesmo um único indivíduo amargurado, poderiam desencadear um ataque. Na verdade, já houve bioataques em pequena escala, mas, felizmente, as técnicas eram primitivas demais e foram conduzidas com total inépcia para que tivessem o mesmo efeito que um explosivo convencional. Em 1984, alguns seguidores do culto de Rajneesh (aquele dos mantos amarelos e dos cinqüenta Rolls Royces) contaminaram alguns bufês de saladas no município de Wasco, Oregon, com salmonela e 750 pessoas tiveram surtos de gastroenterite. Aparentemente, o objetivo do ataque fora incapacitar os votantes de uma eleição local e, portanto, influenciar o resultado de uma proposta de planejamento para a comunidade do culto. Mas a origem dessa epidemia só foi inferida um ano mais tarde, o que realça o problema de rastrear os perpetradores de qualquer ataque biológico. No início dos anos 1990, a seita Aum Shinrikyo, no Japão, desenvolveu vários agentes que incluíam a toxina do botulismo, a febre Q e o antraz. Eles soltaram o gás neural sarin no metrô de Tóquio, o que provocou a morte de doze pessoas; o ataque poderia ter sido muito mais devastador se eles tivessem sido mais bem-sucedidos ao dispersar o gás no ar.

Em setembro de 2001, envelopes contendo esporos de antraz foram enviados a dois senadores americanos e a várias organizações da mídia. Morreram cinco pessoas — uma tragédia, mas com escala semelhante a acidentes cotidianos de trânsito. No entanto — e isso é um aviso importante —, a extensa cobertura da mídia nos Estados Unidos gerou um "fator de pânico" que permeou a nação inteira. Podemos imaginar com facilidade a conseqüência descomunal para a psique nacional de um ultraje que matou milhares. O impacto real de um ataque futuro poderia ser maior se fosse utilizada uma variedade de bactéria resistente a antibióticos e, é claro, se ela fosse dispersada com eficácia. Essa ameaça está levando a uma "corrida armamentista" biológica: esforços para desenvolver drogas e vírus que possam atingir bactérias específicas, assim como sensores para detectar patógenos em concentrações muito baixas.

QUAIS SERIAM OS EFEITOS DE UM BIOATAQUE HOJE?

Muitos estudos e exercícios estão sendo empreendidos para avaliar o possível impacto de um bioataque e como os serviços de emergência responderiam a ele. Em 1970 a Organização Mundial de Saúde estimou que o lançamento de cinqüenta quilogramas de esporos de antraz de um avião voando a barlavento de uma cidade poderia causar quase 100 mil mortes. Mais recentemente, em

1999, vários cenários foram examinados pelo grupo Jason,[40] um consórcio de cientistas acadêmicos altamente conceituados que prestam consultorias regulares ao Departamento de Defesa norte-americano. O grupo analisou o que aconteceria se antraz fosse despejado no metrô de Nova York. Os esporos seriam dispersos ao longo do sistema de túneis e pelos passageiros. Se fosse feito com discrição, a primeira evidência só apareceria alguns dias mais tarde, quando as vítimas (então já espalhadas por todo o país) fossem procurar seus médicos devido a alguns sintomas.

O grupo Jason também estudou os efeitos de um agente químico, a ricina, que ataca os ribossomos e interfere na química das proteínas. Para uma dose letal, bastam dez microgramas. No entanto, o fato de o ataque de sarin no metrô de Tóquio não ter matado milhares de pessoas mostrou que a disseminação do agente não é um desafio técnico trivial. Foram divulgados detalhes de experimentos com dispersão de aerossóis (não tóxicos) desenvolvidos nos anos 1950 e 1960 nos Estados Unidos e no Reino Unido. Os mais recentes foram realizados nos metrôs de Londres, de Nova York e em San Francisco.

Conseguir uma dispersão eficiente no ar é um problema comum a todos os agentes químicos, e também a agentes biológicos (como o antraz) que não sejam infecciosos. Dizer que alguns gramas de um agente poderiam em princípio matar milhões pode ser verdade, mas pode ser igualmente enganoso (assim como seria enganoso dizer que um homem pode ser pai de 100 milhões de crianças; os espermatozóides são bem abundantes, mas a dispersão e o parto seriam verdadeiros desafios).

No que se refere a doenças infecciosas, a dispersão inicial é menos crucial do que o é para o antraz (que não pode ser transmitido de uma pessoa para outra); mesmo uma contaminação localizada, sobretudo numa população móvel, poderia desencadear uma epidemia generalizada. Talvez a perspectiva mais assustadora, entre vírus conhecidos, seja a varíola. Mediante um magnífico esforço mundial nos anos 1970, encabeçado pela Organização Mundial de Saúde, a doença foi completamente erradicada. Em vez de extinguir o vírus, foram mantidos estoques em duas localidades, o Centro para o Controle de Doenças em Atlanta, nos Estados Unidos, e o Laboratório Vector* (com seu nome agourento) em Moscou. A justificativa para preservá-los é que eles poderiam ser usados para ajudar a desenvolver vacinas. Porém, é crescente a preocupação de que reservatórios clandestinos do vírus possam existir em outros países, o que gera medo do bioterror com a varíola.

A varíola é uma doença altamente contagiosa (quase tão infecciosa quanto o sarampo) e que mata cerca de um terço dos que são contaminados por seu vírus. Há vários estudos publicados sobre o que aconteceria se esse vírus mortífero fosse solto. Ainda que a epidemia fosse contida e o número de mortes só chegasse a centenas, o efeito numa grande cidade poderia ser devastador. Haveria uma corrida em busca de suprimentos médicos, sobretudo se houvesse escassez de vacinas. Mas a mortandade real poderia chegar a milhões, principalmente se a epidemia se espalhasse mundo afora.

Em julho de 2001, um exercício chamado "Dark Winter" [Inverno Escuro] simulou um ataque secreto de varíola[41] nos Estados Unidos, assim como a resposta e as contramedidas a ele. Nesse exercício, os papéis foram desempenhados por figuras experientes: o antigo senador americano Sam Nunn fez as vezes do presidente e o governador de Oklahoma era ele próprio. O exercício partiu da suposição de que nuvens de aerossol contaminadas com o vírus da varíola foram liberadas simultaneamente em três locais — centros comerciais — em diferentes estados. A simulação levou, na pior das hipóteses, ao contágio de 3 milhões de pessoas (das

* "Vetor", em inglês. Palavra usada em ciência para designar um veículo transmissor de doenças. (N. T.)

quais um terço morreria). Um processo de vacinação imediata sufocaria a dispersão da doença (a vacina ainda é eficaz mesmo quatro dias após a infecção). Mas uma infecção que se espalhasse pelo mundo todo, como aconteceria se a emissão inicial se desse num aeroporto ou num avião, poderia acarretar uma epidemia desenfreada em países em que a vacina não estivesse tão prontamente disponível quanto nos Estados Unidos — o pior de tudo, talvez, nas megacidades congestionadas do mundo em desenvolvimento. O período de incubação é de doze dias, então, quando o primeiro caso se manifestasse, aqueles originalmente infectados teriam se espalhado ao redor do mundo e causado infecções secundárias. Seria tarde demais para qualquer quarentena eficaz.

Smallpox 2002: Silent Weapon [Varíola 2002: uma arma silenciosa], um filme exibido pela BBC, mostra um único fanático suicida em Nova York que infecta um número suficiente de pessoas para desencadear uma pandemia que faz 60 milhões de vítimas. Essa trama assustadora se baseou num (talvez questionável) modelo computacional sobre como o vírus se espalharia. Quando os matemáticos tentam computar como uma epidemia se desenvolve, o fator mais crucial a entrar nos cálculos é o número de pessoas infectadas por uma vítima típica, conhecida como o "multiplicador". Para esse modelo em particular, considerou-se um número de dez. Alguns especialistas argumentaram, contudo, que a varíola não é tão infecciosa, que tipicamente são necessárias várias horas de proximidade para transmiti-la e que, portanto, tais cenários exageram a facilidade com que uma pessoa infectada transmite a doença. Entretanto, há evidência (por exemplo, de um surto em 1970 num hospital alemão) de que o vírus pode se espalhar por correntes de ar, assim como por contato físico. Alguns especialistas sugeriram que um multiplicador de dez pode ser apropriado em hospitais, mas que na comunidade seriam apenas cinco: outros sugerem que o multiplicador poderia chegar a dois.

Incertezas como esta são cruciais para determinar quão prontamente uma epidemia poderia ser contida por vacinação em massa ou por quarentena. Mas, é claro, seria mais difícil controlar um surto se (como imaginado no enredo da BBC) ele tivesse se espalhado, antes de ser detectado, para países em desenvolvimento nos quais a reação a uma emergência como essa seria mais lenta e menos eficaz. E haveria com certeza outros vírus ainda mais facilmente transmissíveis. No Reino Unido, uma epidemia de febre aftosa em 2001 teve conseqüências desastrosas para a agricultura, afetando o país inteiro, apesar dos imensos esforços de controle. O resultado teria sido muito pior se tal infecção tivesse sido espalhada com más intenções. Bioataques ameaçam pessoas e animais, mas podem ameaçar também plantações e ecossistemas. Outro dos cenários a curto prazo do grupo Jason era uma tentativa de sabotar a produção agrícola no Centro-Oeste americano com a introdução do fungo conhecido como "ferrugem-do-trigo", um fungo de ocorrência natural que às vezes destrói até 10% das colheitas na Califórnia.

Uma característica comum a todos os ataques biológicos é que eles não podem ser detectados até que seja tarde demais, talvez nem mesmo antes que os efeitos tenham se difundido pelo mundo todo. Na verdade, o uso de bioarmas em guerra organizada tem sido inibido por reservas morais, e também porque o momento de ação e a dispersão não podem ser controlados por comandantes militares. Essa ação retardada, entretanto, é um atrativo para o dissidente ou terrorista solitário, porque a proveniência de um ataque — onde e quando o patógeno foi liberado — pode ser prontamente camuflada. As perspectivas de detecção precoce seriam aprimoradas se a informação médica fosse rapidamente analisada e compartilhada por todo o país, de forma que seria mais fácil detectar uma súbita elevação no número de pacientes com um conjunto específico de sintomas, ou a incidência quase simultânea de alguma síndrome rara ou anômala.

Qualquer ataque causaria perturbação e pânico severos. O anúncio alarmista do episódio de antraz de 2001 nos Estados Unidos exemplificou como uma ameaça localizada pode afetar o estado de espírito de um continente inteiro. Ao amplificar medos e alimentar a histeria, a cobertura da mídia garantiria que mesmo uma epidemia de varíola na ponta menos severa do espectro de previsões perturbaria a vida normal no mundo todo.

VÍRUS ARQUITETADOS?

Todas as epidemias pré-2000 (com a possível exceção da difusão russa de antraz em 1979) foram causadas por patógenos de ocorrência natural. Mas a bioameaça tem sido agravada pelo avanço da biotecnologia. Segundo um relatório divulgado em junho de 2002 pela Academia Nacional de Ciências dos Estados Unidos:[42]

> Bastam alguns indivíduos com habilidades especializadas e acesso a um laboratório para produzir sem muitos custos e com facilidade uma panóplia de armas biológicas letais que poderiam ameaçar seriamente a população dos Estados Unidos. Além disso, eles poderiam manufaturar tais agentes biológicos com equipamento disponível no comércio — ou seja, equipamento que também pode ser usado para fabricar produtos químicos e farmacêuticos, alimentos ou cerveja — e, portanto, permanecer incógnitos. O deciframento da seqüência do genoma humano e a elucidação completa de numerosos genomas de patógenos [...] permitem que a ciência seja utilizada para criar novos agentes de destruição em massa.

O relatório observa que o "lado bom" da nova tecnologia deveria também levar a formas mais rápidas de identificar uma infestação patogênica, mas sua mensagem geral é inquietante. Ele reconhece que um "solitário" habilidoso poderia perpetrar uma epidemia catastrófica, mesmo que hoje as atenções recaiam sobre grupos terroristas. No mundo todo há pessoas com conhecimento para levar a cabo manipulações genéticas e cultivar microorganismos. George Poste, um biotecnólogo britânico e conselheiro do governo que trabalha nos Estados Unidos, conjetura que:

> Seria interessante refletir, caso [o "Unabomber"] tivesse sido treinado nos anos 1990, se ele teria escolhido usar bombas ou em vez disso teria passado por uma fábrica de hambúrgueres e deixado cair algo, à medida que a ubiqüidade da "Biotecnologia 101" se torna cada vez mais comum em currículos universitários pelo mundo afora.[43]

(Em 2002 os Estados Unidos aprovaram um aumento significativo para o financiamento de biodefesa. Porém, como subproduto indesejável, essa habilidade será ainda mais disseminada.)

Eckard Wimmer e seus colegas na State University de Nova York anunciaram em julho de 2002 que haviam montado um vírus da pólio, usando DNA e uma planta genética que podia ser baixada da internet.[44] Esse vírus artificial representava pouco risco, porque a maior parte das pessoas foi imunizada contra a pólio. Mas não seria mais difícil criar variantes infecciosas ou mesmo letais. Os especialistas sabiam há anos que o tipo de síntese montado por Wimmer era factível; alguns o criticaram pela realização de um experimento tão desnecessário só para chamar a atenção. Para Wimmer, no entanto, foi uma "revelação assustadora" que vírus pudessem ser criados tão prontamente. Vírus como o da varíola, com genomas maiores do que o da pólio, constituem um desafio técnico maior; além disso, o vírus da varíola não seria capaz de reproduzir-se a não ser que enzimas de replicação fossem transplantadas de um vírus aparentado. Entretanto, alguns vírus menores e igualmente letais — o HIV e o ebola, por exemplo — poderiam ser criados, mesmo agora, com a montagem de um cromossomo a partir de genes individuais, como fez Wimmer.

Daqui a poucos anos, os mapas genéticos de amplas quantidades de vírus, assim como de animais e plantas, estarão arquivados em bancos de dados de laboratórios acessíveis a outros cientistas pela internet. O mapa do vírus do ebola, por exemplo, já está arquivado; há milhares de pessoas com capacidade para montá-lo, usando cadeias de DNA disponíveis no comércio. Nos anos 1990, membros do culto Aum Shinrikyo tentaram seguir a pista do vírus ebola encontrado naturalmente na África, mas, por se tratar de um vírus raro, não foram bem-sucedidos. Hoje, eles achariam mais fácil montá-lo num laboratório caseiro. Os computadores pessoais e a internet abriram possibilidades imensamente maiores para cientistas amadores. Numa disciplina como a astronomia, esse é um desenvolvimento importante e bem-vindo sem reservas. Mas veríamos com ambivalência o poder nas mãos de uma sofisticada comunidade de biotecnólogos amadores.

A criação de "vírus sob medida" é uma tecnologia florescente. E uma compreensão mais efetiva do sistema imunológico humano, embora de benefício médico crucial, também facilitará a vida daqueles que desejam suprimir a imunidade. Uma sucessão de vírus arquitetados para os quais não há imunidade nem antídoto poderia ter um efeito ainda mais catastrófico no mundo inteiro do que a Aids na África (continente em que a doença está levando décadas de avanço econômico ao retrocesso): por exemplo, um equivalente da varíola para o qual não há vacina, talvez mesmo um vírus que se espalhe com mais facilidade do que a própria varíola ou uma variante da Aids que seja transmitida como a gripe, ou uma versão de ebola com um período de gestação mais longo. (Surtos dessa terrível doença contagiosa são em geral contidos porque ela age demasiado depressa, matando suas vítimas pela erosão da carne antes que tenham muita chance de infectar outras pessoas. Em contraste, é a lentidão com que a Aids age que permite que seja transmitida com eficiência.)

A não ser que a capacidade de planejar novos vírus seja igualada por habilidades correspondentes no projeto e na realização de vacinas dirigidas a eles, poderíamos nos ver tão vulneráveis quanto os indígenas norte-americanos que sucumbiram a doenças trazidas pelos colonos europeus, contra as quais não tinham imunidade.

É possível desenvolver cepas de bactérias que sejam imunes a antibióticos. Na verdade, tais bactérias já estão emergindo naturalmente como resultado da seleção darwiniana. Algumas enfermarias de hospitais já foram infectadas por "bichos" resistentes até a vancomicina, antibiótico usado como último recurso. A engenharia artificial pode "convocar as mudanças" com mais eficácia do que as mutações naturais.[45] Novos organismos poderiam ser projetados para atacar plantas e até mesmo substâncias inorgânicas.

Talvez não tenhamos de esperar muito até que novos tipos de micróbios sintéticos sejam geneticamente arquitetados. Craig Venter, ex-presidente e diretor-geral da Celera, a companhia que seqüenciou o genoma humano, já anunciou planos para ajudar a resolver as crises mundiais de energia e aquecimento global com a criação de novos micróbios:[46] um tipo dissociaria água em oxigênio e hidrogênio (para a "economia do hidrogênio"); outros se alimentariam de dióxido de carbono na atmosfera (combatendo assim o efeito estufa) para convertê-lo em elementos químicos orgânicos como os que hoje são feitos de óleo e gasolina. A técnica de Venter envolve a criação de um cromossomo artificial com cerca de quinhentos genes e sua inserção num micróbio existente cujo genoma tenha sido destruído por radiação. Se essa técnica funcionar, ela abre perspectivas para a criação de novos tipos de vida que poderiam alimentar-se de outros materiais em nosso ambiente. Por exemplo, poderiam ser desenhados fungos para alimentar-se de e destruir plásticos de poliuretano. Até as máquinas poderiam estar ameaçadas: bactérias especialmente elaboradas poderiam transformar óleo em material cristalino e, desse modo, entupir a maquinaria.

ERROS DE LABORATÓRIO

Quase tão preocupantes são os riscos cada vez maiores que surgem em decorrência de erro e da imprevisibilidade dos resultados dos experimentos realizados, mais do que de má-fé. Um episódio recente na Austrália consistiu num prenúncio preocupante.[47] Ron Jackson trabalhava como pesquisador em Camberra, no Centro de Pesquisa Cooperativa em Controle Animal, um laboratório do governo cuja missão principal era aprimorar as técnicas para o controle de pestes animais. Com seu colega Ian Ramshaw ele estava pesquisando novas formas de reduzir a população de camundongos. Sua idéia era modificar o vírus de varíola murina a fim de que se tornasse, com efeito, uma vacina contraceptiva infecciosa, que seria usada para esterilizar camundongos. Durante esses experimentos, no início de 2001, involuntariamente eles criaram uma cepa nova, bastante virulenta, de varíola murina: todos os camundongos do laboratório morreram. Os pesquisadores tinham adicionado um gene para uma proteína (interleucina-4) que aumentava a produção de anticorpos e suprimia o sistema imunológico nos camundongos; em conseqüência, mesmo animais previamente vacinados contra a varíola murina morreram.[48] Se esses cientistas estivessem trabalhando no vírus da varíola, eles poderiam tê-lo modificado para que se tornasse ainda mais virulento, de forma que a vacinação não oferecesse nenhuma proteção contra ele? Segundo Richard Preston: "O que de mais importante se impõe entre a espécie humana e a criação de um supervírus é um senso de responsabilidade entre os biólogos".

Esse tipo de experimento de laboratório, em que se criam patógenos mais perigosos do que o previsto, e talvez mais virulentos do que aqueles desenvolvidos naturalmente, exemplifica um tipo de risco que os cientistas terão de enfrentar (e se possível minimizar) em outras áreas de pesquisa. Tais áreas incluem a nanotecnologia (e mesmo a física fundamental), em que as conseqüências poderiam ser ainda mais calamitosas. A nanotecnologia é muito promissora a longo prazo, mas poderia, ao fim, revestir-se de um lado negativo ainda mais sério do que qualquer bioterror. É concebível — embora se trate de algo muito distante da realidade — que sejam inventadas nanomáquinas capazes de montar cópias de si próprias. Se deixadas à solta, seus números poderiam crescer de modo exponencial, até ficarem sem "comida". Se seu consumo fosse altamente seletivo, elas poderiam se substitutas úteis para indústrias químicas, assim como os "micróbios sob medida" poderiam sê-lo. Mas o perigo despontaria se as nanomáquinas pudessem ser projetadas para ser mais onívoras do que qualquer bactéria, talvez até capazes de consumir qualquer material orgânico. Metabolizando com eficiência e usando energia solar, elas poderiam então proliferar-se sem controle e não atingir o limite maltusiano até que tivessem consumido toda a vida.

Essa cadeia de eventos é armada por Eric Drexler no "grey goo scenario" [situação da gosma cinzenta].[49] Ele escreve:

> "Plantas" com "folhas" não mais eficientes do que as placas solares de hoje em dia poderiam ganhar a competição com as plantas reais, enchendo a biosfera de uma folhagem incomestível. "Bactérias" onívoras duronas poderiam acabar com as bactérias reais. Elas poderiam espalhar-se como pólen ao vento, replicar-se com rapidez e reduzir a biosfera a pó em questão de dias. Replicadores perigosos poderiam facilmente ser durões, pequenos e de dispersão rápida demais para que sejam contidos — pelo menos se não nos preparar-

mos. Já temos problemas suficientes no controle de vírus e de moscas-das-frutas.

A resultante explosão populacional nesses "replicadores bióvoros" poderia, teoricamente, devastar um continente em poucos dias.[50] Essa é de fato a "pior das hipóteses" teóricas; mesmo assim, tais estimativas dão o recado de que, se a tecnologia de máquinas auto-replicantes chegar a ser desenvolvida, a possibilidade de um desastre de dispersão rápida não pode ser deixada de lado.

É possível levarmos a sério a ameaça da "gosma cinzenta", mesmo se estendermos nossa previsão um século adiante? Uma praga desenfreada de tais replicadores não violaria leis científicas básicas. Mas isso não faz dela um risco sério. Para tomar outra tecnologia futurista: um foguete espacial movido a antimatéria que atingisse 90% da velocidade da luz é compatível com as leis físicas básicas, porém sabemos que tecnicamente ele está muito além de nós. Talvez esses replicadores hipereficientes, alimentando-se da atmosfera, sejam tão irrealistas quanto uma "nave estelar", outro exemplo em que o "limite" do que é coerente com as leis científicas gerais (e portanto teoricamente possíveis) está muito além do que é provável. Deveríamos categorizar as idéias de Drexler e outros como ficção científica alarmista?

Vírus e bactérias são eles próprios nanomáquinas esplendidamente arquitetadas, e um devorador onívoro que pudesse vicejar em qualquer lugar seria um vencedor na corrida da seleção natural. Então se essa praga de organismos destruidores é possível, os críticos de Drexler poderiam argumentar, por que não evoluiu por seleção natural, há muito tempo? Por que a biosfera não se autodestruiu "naturalmente", em vez de ser ameaçada somente quando são soltas aquelas criaturas projetadas por uma inteligência humana mal aplicada? Uma réplica a esse argumento é que os seres humanos são capazes de engendrar algumas modificações que a natureza não tem como produzir: geneticistas podem fazer macacos ou milho brilharem no escuro pela transferência de um gene de medusa, enquanto a seleção natural não pode atravessar as barreiras entre as espécies dessa maneira.[51] Da mesma forma, a nanotecnologia pode realizar em algumas décadas coisas que a natureza jamais poderia fazer.

Depois de 2020, manipulações sofisticadas de vírus e células se tornarão lugar-comum; redes integradas de computadores terão assumido vários aspectos de nossas vidas. Qualquer previsão para meados do século é território de conjeturas e "elucubrações". Até lá, nanobôs poderão ter se transformado em realidade; de fato, é possível que tantas pessoas tentem fazer nanorreplicadores que a chance de uma tentativa desencadear um desastre se tornaria substancial. É mais fácil conceber ameaças adicionais do que antídotos eficazes.

Tais preocupações aparentemente remotas não deveriam desviar a atenção das diversas vulnerabilidades descritas neste capítulo que já estão entre nós, e em proporções cada vez maiores. As perspectivas deveriam nos deixar tão "sombrios" quanto os cientistas atômicos pioneiros ficaram, há meio século, quando a ameaça nuclear emergiu. A gravidade de uma ameaça é sua magnitude multiplicada por sua probabilidade: é assim que estimamos nossa preocupação com furacões, impactos de asteróides e epidemias. Se aplicarmos esse cálculo aos futuros riscos projetados pelo homem e com os quais nos confrontamos, somando-os uns aos outros, o relógio do Juízo Final avançará para ainda mais perto da meia-noite.

5. Perpetradores e paliativos

EM UM MOMENTO EM QUE BASTAM ALGUNS INDIVÍDUOS COM APTIDÕES TÉCNICAS PARA AMEAÇAR A SOCIEDADE HUMANA, ABANDONAR A PRIVACIDADE PODE SER O PREÇO MÍNIMO A SER PAGO PARA MANTER A SEGURANÇA. MAS ATÉ MESMO UMA "SOCIEDADE TRANSPARENTE" PODE NÃO SER SEGURA O BASTANTE.

Estamos entrando em uma era na qual uma única pessoa pode, mediante um ato clandestino, causar milhões de mortes ou tornar uma cidade inabitável por anos, e em que uma disfunção no ciberespaço pode provocar grandes estragos globais a um segmento importante da economia: transporte aéreo, geração de energia ou sistema financeiro. Na verdade, um desastre pode ser ocasionado por qualquer um que seja meramente incompetente em vez de mal-intencionado.

Essas ameaças estão crescendo por três razões. Primeiro, as capacidades destrutivas e de perturbação disponíveis a um indivíduo treinado em genética, bacteriologia ou redes de computador crescerão à medida que a ciência avançar; segundo, a sociedade está se tornando mais integrada e interdependente (tanto internacional como nacionalmente); e terceiro, comunicações instantâneas significam que o impacto psicológico de um desastre local tem repercussões globais em atitudes e em comportamentos.

A ameaça subnacional mais evidente hoje em dia vem de extremistas islâmicos, motivados por valores tradicionais e crenças muito distantes daquelas que prevalecem nos Estados Unidos e na Europa. Outras causas e ofensas, também perseguidas com racionalidade e obstinação, podem inspirar atos igualmente fanáticos por grupos sectários e mesmo por "solitários". Além disso, tem gente — cuja quantidade pode crescer nos Estados Unidos — com um domínio tênue sobre a racionalidade, que poderia representar uma ameaça ainda mais inflexível se tivesse acesso à tecnologia cada vez mais avançada.

TECNOIRRACIONALIDADE

Alguns otimistas imaginam que a educação científica ou a educação técnica reduzem a propensão à extrema irracionalidade e à delinqüência. Mas são numerosos os exemplos que podem desmentir isso. A seita Heaven's Gate [Portal do Céu], embora pequena em escala, consistiu em um prenúncio do que pode acontecer no Ocidente tecnocrático. Um "núcleo" de membros da seita na Califórnia formou uma comunidade fechada, com aptidão suficiente para financiar-se construindo páginas para a internet.[52] Mas sua competência técnica, além do interesse genuíno em tecnologia espacial e em outras ciências, caminhava junto com um sistema de crença que desafiava a racionalidade do pensamento científico. Muitos de seus membros chegaram a castrar-se: eles proclamavam em seu site a aspiração a metamorfoscar-se em "um corpo físico que pertença ao verdadeiro Reino de Deus — o Nível Evolutivo acima do humano —, trocando este mundo temporário e perecível por outro que seja duradouro e incorruptível".

A chegada dos seres que, segundo sua crença, os transportariam a esse plano mais alto seria anunciada por um cometa: "A aproximação do cometa Hale-Bopp é o 'marcador' pelo qual estivemos à espera — a hora da chegada da nave espacial do Nível Acima do Humano para levar-nos a Seu Mundo. Estamos alegremente preparados para deixar Este Mundo". Quando esse cometa, um dos mais brilhantes da última década, se aproximou ao máximo da Terra, 39 membros da seita, inclusive seu líder Marshall Applewhite, asséptica e metodicamente deixaram suas vidas.

É claro que suicídios coletivos não são nenhuma novidade: há pelo menos 2 mil anos que eles existem. E nos tempos modernos continuam a existir, mesmo no Ocidente. O reverendo James Jones liderou um culto messiânico que se recolheu a um local remoto na América do Sul — "Jonestown", na Guiana. Em 1972 ele instigou um suicídio em massa que levou à morte de todos os novecentos membros do culto por envenenamento com cianeto.

Embora a tecnologia moderna permita a comunicação global instantânea, ela seguramente torna mais fácil viver dentro de um casulo intelectual. O grupo Heaven's Gate não precisou ir à floresta amazônica para isolar-se: uma vez que eram economicamente auto-suficientes por causa da internet, eles podiam eximir-se de qualquer contato com seus vizinhos físicos reais, na verdade de qualquer pessoa "normal". Mais do que isso, suas crenças eram reforçadas por um contato eletrônico seletivo com outros adeptos do culto em outros continentes.

A internet dá acesso, em princípio, a uma variedade sem precedentes de opiniões e de informação. Mesmo assim, ela poderia limitar afinidades e simpatias ao invés de alargá-las: algumas pessoas podem decidir permanecer fechadas dentro de uma cibercomunidade de semelhantes. Em seu livro *republic.com*, Cass Sunstein,[53] um professor de direito na Universidade de Chicago, sugere que a internet permite a todos nós "filtrar" nossa absorção, de maneira que cada pessoa leia um "Eu Diário" sob medida para gostos individuais e (ainda mais insidioso) livre de material que possa desafiar preconceitos. Em vez de conviver com aqueles cujas atitudes e gostos sejam diferentes, muitos no futuro "viverão em câmaras de eco projetadas por si próprios" e "não será preciso encarar tópicos e visões que não tenham sido solicitados. Sem nenhuma dificuldade, você pode ver exatamente o que quer ver, nada mais e nada menos". É cedo demais para prever o efeito da internet na sociedade em geral (sobretudo num contexto internacional). Mas há perigo de que isso promova isolamento e nos permita (se assim escolhermos) fugir com mais facilidade dos contatos cotidianos que inevitavelmente nos poriam diante de pontos de vista conflitantes. Sunstein discute a "polarização de grupo", pela qual aqueles que interagem somente com os semelhantes têm seus preconceitos e suas obsessões reforçados, e assim se deslocam para posições mais extremas.

O credo do Heaven's Gate era um amálgama de conceitos *new age* e de ficção científica. Esse culto não era único; na verdade, talvez seja parte de uma tendência ressurgente. Os raelianos, com base no Canadá, contam com mais de 50 mil adeptos em mais de oitenta países. Seu fundador e líder, Claude Vorilhon, um ex-jornalista de motociclismo, declarou em 1973 ter sido raptado por alienígenas e recebido informações sobre como a raça humana foi criada usando "tecnologia de DNA". Os raelianos estão promovendo agressivamente um programa de clonagem humana que não só é problemático em termos éticos como parece perigosamente prematuro mesmo para defensores dessa técnica.

Tais cultos podem parecer oriundos das mesmas "periferias" de onde provêm teóricos da conspiração observadores de óvnis e afins. Mas nos Estados Unidos crenças igualmente bizarras parecem ser quase parte da normalidade. Milhões de norte-americanos acreditam no "Arrebatamento" — quando Cristo mergulha de volta à Terra e transporta os verdadeiros crentes para o Céu —, ou no Milênio iminente, como representado no livro da Revelação.[54] O futuro a longo prazo deste planeta e de sua biosfera não importa para esses crentes milenaristas, alguns dos quais são influentes nos Estados Unidos. (Durante o governo Reagan, as políticas ambientais e energéticas ficaram a cargo de James Watt, um fundamentalista religioso que ocupava o posto de secretário do Interior. Ele acreditava que o mundo terminaria antes que o óleo fosse exaurido e antes que sofrêssemos as conseqüências do aquecimento global ou do desflorestamento; então era quase nosso dever sermos licenciosos com os recursos de origem divina que a Terra proporciona.)

Alguns desses crentes, como os membros do Heaven's Gate, ameaçam só a si mesmos. Seria injusto demonizá-los a todos, ou pôr no mesmo saco crenças muito díspares. É claro que os cultos ressurgentes constituem ainda uma minúscula "atração secundária", se comparados a ideologias tradicionais. A devoção desmesurada de entusiastas religiosos tradicionais, aliada ao fanatismo e ao oportunismo (por exemplo) de extremistas defensores dos direitos dos animais nos Estados Unidos e no Reino Unido, pode ser uma combinação ameaçadora, sobretudo quando acompanhada por sofisticação técnica. A internet não apenas permite que grupos se organizem; ela também oferece acesso a conhecimento técnico. Nosso sistema social e econômico está se tornando tão fragmentado e interconectado que bastam alguns indivíduos com essa mentalidade e com acesso a tecnologia moderna para exercer uma "influência" desproporcional.

Mesmo que seja possível lidar com um evento perturbador, uma sucessão deles, com seu impacto psicológico amplificado por meios de comunicação cada vez mais difundidos, seria cumulativamente corrosiva. A consciência de que tais eventos poderiam ocorrer sem aviso demandaria um forte custo social. Em localidades propensas a terrorismo, as pessoas relutam em aventurar-se num ônibus se têm medo de que haja um homem-bomba entre seus companheiros de trajeto; elas hesitam em prestar favores a um estranho; os privilegiados buscam abrigo em comunidades cercadas e enclaves. O megaterror futuro poderia engendrar, pelo mundo todo, esse colapso entre comunidade e confiança.

Obviamente, tais preocupações oferecem mais um incentivo para que as nações e a comunidade internacional minimizem os desafetos e as injustiças que servem de pretexto para as ofensivas. Mas está claro, pela recente experiência norte-americana, que o problema interno de cultos niilistas e apocalípticos e de indivíduos ressentidos é intratável.

VIGILÂNCIA INTRUSIVA: SERÁ ESSA A MENOS PIOR DAS SALVAGUARDAS?

Um paliativo seria a aceitação de uma perda completa de privacidade, com o desenvolvimento de novas técnicas que fiquem de olho em todos nós. A vigilância universal, algo que está se tornando tecnicamente factível, poderia sem dúvida ser uma salvaguarda contra atividades clandestinas indesejáveis. Técnicas tais como transmissores implantados por cirurgia já estão sendo seriamente discutidas para (por exemplo) monitorar criminosos em liberdade condicional. Sujeitar todos os cidadãos a tal tratamento seria profundamente impalatável para a maior parte de nós, mas, se as ameaças crescessem, poderíamos ter que nos resignar à necessidade de medidas como essa — quem sabe a próxima geração já as considere menos repugnantes.

Uma vigilância orwelliana, em estilo totalitarista tradicional, seria simplesmente inaceitável; a não ser que técnicas de codificação acompanhassem o avanço, ela se tornaria mais e mais intrusiva cada vez que se alcançasse uma melhoria técnica. Mas vamos supor que a vigilância tivesse dois sentidos, e que cada um de nós pudesse "espionar" não só o governo, como todo mundo. O escritor de ficção científica David Brin, em *The Transparent Society* [A sociedade transparente],[55] de forma um tanto provocadora, argumenta que essa vigilância "simétrica" (contudo ainda mais intrusiva) poderia ser o modo menos inaceitável de garantir um porvir mais seguro. Obviamente, ela exigiria uma mudança de mentalidade. Mas isso pode vir a acontecer. Circuitos fechados de televisão em lugares públicos são comuns na Inglaterra, e em geral recebidos como medidas de segurança tranqüilizadoras, apesar da perda de privacidade. Mais e mais informação sobre nós — o que compramos, onde e quando viajamos, e assim por diante — já está sendo registrada em "cartões espertos" usados para comprar mercadoria ou passagens e cada vez que usamos um telefone celular. Estou surpreso com a quantidade de amigos que espontaneamente exibem assuntos pessoais em páginas na internet, abertas ao mundo. Então uma "sociedade transparente", em que não fosse possível ocultar comportamentos aberrantes, pode ser preferida às alternativas por seus membros.

Situações futuristas imaginadas na Europa e nos Estados Unidos podem parecer de relevância marginal para o resto do mundo, onde a pobreza priva a maior parte das pessoas de benefícios básicos do século XX. Mas essa transparência poderia espalhar-se pelo mundo, assim como fizeram os telefones celulares e a internet.

Como essa expansão afetaria as relações entre as nações ricas e pobres? Poucos não-africanos têm conhecimento direto da África subsaariana exceto por intermédio de filmes e noticiários na televisão.[56] Quais serão as mudanças nas percepções européia e norte-americana acerca do resto do mundo quando forem possíveis ligações pessoais imediatas? Uma visão otimista seria que essa evidência gráfica "ao vivo" de carência individual — ou, por exemplo, os doentes de Aids que não têm nem um dólar por dia para o tratamento básico — estimularia a generosidade com mais eficácia do que as ocasionais mensagens e fotografias recebidas por doadores de programas tradicionais de caridade. Mas parece pouco provável que aqueles que nos Estados Unidos se recolhem a comunidades cercadas, isolados dos desvalidos mesmo em seus próprios bairros, estenderiam a mão para o povo desesperado da África. Ainda que tivessem a chance de fazer amizade com eles e manter contato por vídeo, a "fadiga da compaixão" logo se instalaria. Na verdade, essa poderia ser outra situação em que o cibermundo leva a uma segmentação social mais abrupta.

Por outro lado, aqueles que vivem na África e no Sul da Ásia se conscientizarão cada vez mais de sua miséria relativa, sobretudo se (como é possível) o acesso ao ciberespaço se tornar mais barato do que o saneamento básico, do que a comida e do que o atendimento de saúde. Os milhões em países pobres se mostrariam menos passivos, mais conscientes dos contrastes com relação a áreas mais privilegiadas, e teriam à disposição os meios técnicos para criar mais confusão. Não é só o fundamentalismo religioso que pode desencadear uma hostilidade indignada no Ocidente. Se todo o mundo em desenvolvimento adotasse valores ditos ocidentais, os desvalidos ficariam ainda mais amargurados com os benefícios desiguais da globalização e com um sistema de incentivos econômicos que proporciona futilidades aos ricos em vez de suprir as necessidades dos destituídos.

PODEMOS PERMANECER HUMANOS?

Até agora as sociedades foram moldadas por religião, ideologia, cultura, economia e geopolítica. Todos esses elementos — em sua imensa diversidade — servem de pretexto para disputas internas e guerras. Um elemento imutável ao longo dos séculos, porém, foi a natureza humana. Mas no século XXI drogas, modificação genética e talvez implantes de silício no cérebro mudarão os próprios seres humanos — suas mentes e atitudes, até mesmo seu físico.

Futuras mudanças genéticas na população humana — embora muito mais rápidas do que as mudanças evolutivas que ocorrem naturalmente — ainda exigirão algumas gerações. Contudo, alterações de humor e de mentalidade poderiam espalhar-se ainda mais rapidamente por populações inteiras por meio de drogas (ou talvez de implantes eletrônicos).

Em *Nosso futuro pós-humano*, Francis Fukuyama[57] argumenta que o uso habitual e universal de medicamentos que alteram o humor limitaria e empobreceria o alcance do caráter humano. Ele cita o uso de Prozac para combater a depressão e de Ritalin para diminuir a hiperatividade em crianças agitadas embora saudáveis: essas práticas já estão restringindo os tipos de personalidades considerados normais e aceitáveis. Fukuyama prevê uma limitação mais extensa, quando outras drogas forem desenvolvidas, o que poderia ameaçar o que, para ele, seria a essência de nossa humanidade.

De fato, injeções de hormônios que agem diretamente sobre o cérebro serão em breve capazes de efetuar mudanças muito mais poderosas e "precisas" em nossa personalidade do que o Prozac e sua turma. Já se demonstrou que o hormônio PYY 3–36 elimina a sensação de fome, agindo direto no hipotálamo. Um dos especialistas nessa técnica, Steve Bloom, do Hospital Hammersmith, em Londres, externou sua preocupação com os rumos que seu trabalho poderia tomar dentro de dez anos: "Se podemos alterar o desejo das pessoas por comida, podemos alterar outros desejos profundos: o hipotálamo também abriga circuitos cerebrais que influenciam o desejo e a orientação sexuais".[58]

Fukuyama teme que as drogas se tornem universalmente utilizadas para amenizar extremos de humor e comportamento, e que nossa espécie possa degenerar-se em zumbis pálidos e aquiescentes: a sociedade se transformaria numa distopia semelhante ao *Admirável mundo novo* de Aldous Huxley. Ainda que mantivéssemos a aparência, não seríamos de todo humanos. Fukuyama defende um forte controle de todas as drogas que alteram a mente. As proibições não precisariam ser 100% efetivas se o objetivo fosse adiar o momento em que todas as personalidades extremas pudessem ser apagadas. Haveria pouco impacto geral no caráter nacional se, apesar do regulamento, alguns delinqüentes obtivessem o acesso a drogas mediante táticas ilícitas, ou saíssem de seu país para buscá-las em outro cujos regulamentos fossem mais negligentes.

Mas minha preocupação é inversa à de Fukuyama. A "natureza humana" inclui uma rica variedade de tipos de personalidade, e também aqueles que têm atração pelos que vivem descontentes à margem. A influência desestabilizadora e destrutiva de algumas dessas pessoas será ainda mais devastadora à medida que crescerem seus poderes técnicos e seu conhecimento, e que o mundo que compartilharmos se tornar mais interconectado.

Há trinta anos o psicólogo B. F. Skinner previu, em seu livro *Beyond Freedom and Dignity* [Para além da liberdade e da dignidade],[59] que alguma forma de controle da mente poderia ser necessária para evitar um colapso da sociedade; ele argumentou que o "condicionamento" de uma população inteira seria um pré-requisito para uma sociedade em que seus membros estivessem satisfeitos em viver e que ninguém desejasse desestabilizar.

Skinner era um behaviorista, e suas teorias mecanicísticas de "estímulo-resposta" estão hoje desacreditadas. Mas a questão que ele ressaltou está mais aguçada do que nunca porque os avanços científicos permitem que uma única personalidade "aberrante" cause estragos generalizados. Se um psicólogo atual fosse estimulado a propor uma panacéia, ela se pareceria, ironicamente, com o pesadelo pós-humano de Fukuyama: uma população tornada dócil e respeitadora da lei devido ao uso de "drogas projetadas" e à intervenção genética com que se podem "corrigir" extremos de personalidade. É bem possível que a ciência que estuda o cérebro venha a ser capaz de "modificar" a personalidade de pessoas cuja mentalidade poderia levá-las a tornar-se perigosamente ressentidas: uma perspectiva ainda mais distópica.

Na obra de ficção científica de Philip K. Dick, *Minority report* (agora um filme de Steven Spielberg),[60] os "pré-cogs", seres humanos mentalmente anormais criados para exercer essa função, podem identificar aqueles que são passíveis de cometer um crime futuro; futuros bandidos são então, com fins preventivos, rastreados e aprisionados em tanques. Se nossas propensões são de fato determinadas pela genética e pela fisiologia (e ainda não se sabe até que ponto são), então a identificação de criminosos em potencial em breve pode não mais exigir poderes sobrenaturais. Haverá pressões crescentes para instituir esse tipo de ação preventiva no mundo real, como salvaguarda contra as ofensivas — mais e mais calamitosas à medida que se conhecem novos avanços técnicos — que poderiam ser forjadas até mesmo por um criminoso delinqüente.

Nossa civilização, como Stewart Brand observa,[61] está "cada vez mais interligada e cada vez mais precariamente equilibrada à beira do abismo graças a uma complexa superestrutura de tecnologia sofisticadíssima, em que o funcionamento de cada peça depende do funcionamento de todas as outras". Será possível salvaguardar sua essência, sem que a humanidade tenha que sacrificar sua diversidade e seu individualismo? Teremos que, para sobreviver, ser intimidados por um estado policial, perder qualquer privacidade ou ser tranqüilizados até a passividade?

Ou será que a imposição de freios à ciência e à tecnologia potencialmente ameaçadoras, e até a renúncia total de algumas áreas da pesquisa científica, poderiam reduzir as ameaças?

6. Segurando o avanço da ciência?

AS CIÊNCIAS DO SÉCULO XXI OFERECEM PERSPECTIVAS BRILHANTES, MAS TÊM UM LADO SOMBRIO TAMBÉM. RESTRIÇÕES ÉTICAS À PESQUISA OU A RENÚNCIA A TECNOLOGIAS POTENCIALMENTE AMEAÇADORAS SÃO DIFÍCEIS DE NEGOCIAR E AINDA MAIS COMPLICADAS DE IMPLEMENTAR.

Em 2002 a *Wired*, uma revista mensal com foco em computadores e engenhocas eletrônicas, inaugurou um "bolão".[62] A idéia era recolher algumas previsões sobre desenvolvimentos futuros em sociedade, ciência e tecnologia, e com isso estimular a realização de debates. A guru da internet Esther Dyson previu que em dez anos a Rússia chegaria à supremacia na indústria de software mundial. As apostas dos físicos giravam em torno de quanto tempo seria necessário para formular uma teoria unificada das forças fundamentais e, no fundo, se tal teoria realmente existe.[63] Outra aposta era se alguém, vivo naquele momento, poderia viver até os 150 anos de idade, o que não é de todo impossível, dados os avanços médicos, a despeito de ser uma aposta estranha, já que os próprios prognosticadores não esperavam sobreviver o suficiente para testemunhar o resultado.[64]

Eu cravei mil dólares numa aposta: "Que até o ano de 2020 uma instância de bioerro ou de bioterror terá matado 1 milhão de pessoas".

É claro, torço com fervor para perder a aposta. Mas honestamente não conto com isso. Essa previsão pressupunha que olhássemos menos de vinte anos à frente. Acredito que o risco seria grande, mesmo se houvesse um "congelamento" dos novos desenvolvimentos, e os perpetradores potenciais de tais ofensivas ou megaerros só continuassem a ter acesso a técnicas utilizadas no presente. Mas não há dúvida de que nenhuma disciplina está avançando mais rápido do que a biotecnologia, e seus avanços intensificarão os riscos e realçarão sua variedade.

A ansiedade na comunidade científica parece surpreendentemente contida. É claro que novas tecnologias podem oferecer benefícios colossais, e a maior parte dos cientistas assume a atitude de que o que há de negativo pode ser remediado com mais tecnologia (ou com tecnologia redirecionada); eles estão atentos a tudo a que estaríamos renunciando se não seguíssemos adiante. Quando se começou a usar o vapor, centenas de pessoas sofreram mortes horrendas porque caldeiras mal desenhadas explodiam; da mesma forma, no início a aviação era um perigo. A maior parte dos procedimentos cirúrgicos hoje rotineiros era arriscada e muitas vezes fatal nos seus primórdios. Cada avanço caminhou por "tentativa e erro", porém o limiar aceitável pode ser aumentado quando o risco é aceito voluntariamente e o "lado bom" passível de ser alcançado é grande (como no caso de uma cirurgia). Num ensaio intitulado "The Hidden Cost of Saying No" [O custo oculto de dizer não], Freeman Dyson ressaltou essa questão.[65] Ele enfatizou que o desenvolvimento e a introdução de novas drogas são inibidos — às vezes em detrimento de muitos cujas vidas poderiam ser salvas dessa maneira — pelos prolongados e dispendiosos testes de segurança exigidos antes da aprovação.

Mas há uma diferença quando aqueles que estão expostos ao risco não têm escolha e não estão em posição de ser objeto de nenhum benefício compensatório, quando a "pior das hipóteses" poderia ser desastrosa ou quando o risco não pode ser quantificado. Alguns cientistas parecem fatalistas no que se refere aos riscos; ou então otimistas, até complacentes, com a noção de que os "poréns" mais assustadores podem ser afastados. Esse otimismo pode estar fora de lugar, por isso deveríamos perguntar: é possível protelar os riscos mais intratáveis "se formos com calma" em algumas áreas, ou sacrificando parte da tradicional franqueza da ciência?

Os cientistas aceitam a necessidade de controles no modo como trabalham e em como suas descobertas são aplicadas. Os avanços biológicos estão abrindo um número crescente de aplicações potenciais — clonagem humana, organismos geneticamente modificados e tudo o mais — em que a regulamentação será necessária. Quase toda descoberta aplicável tem um potencial para o mal assim como para o bem. Nenhum cientista responsável repetiria as palavras do diabólico dr. Moreau de H. G. Wells:[66] "Segui com esta pesquisa por onde ela me levou. Essa é a única forma que eu conheço de conduzir um verdadeiro procedimento em pesquisa. Fiz uma pergunta, imaginei algum método para conseguir uma resposta e consegui uma nova pergunta. [...] A coisa diante de você não é mais um animal, uma criatura como nós, mas um problema. [...] Eu queria [...] encontrar o limite extremo da plasticidade numa forma viva".

AUTOCONTROLE CIENTÍFICO

As restrições são obviamente justificadas quando os experimentos são arriscados: por exemplo, criar patógenos perigosos que poderiam escapar, ou gerar concentrações extremas de energia. Às vezes os cientistas se submetem a moratórias auto-impostas em linhas de pesquisa específicas. Um precedente para isso foi a declaração proposta em 1975[67] por biólogos moleculares a fim de restringir alguns tipos de experimentos possibilitados pela então nova técnica de DNA recombinante. Essa decisão seguiu-se a um encontro em Asilomar, na Califórnia, convocado por Paul Berg, da Universidade de Stanford. A moratória de Asilomar logo pareceu cautelosa demais, mas isso não quer dizer que fosse insensata na época, já que o nível de risco era então genuinamente incerto. James Watson, co-descobridor da dupla-hélice do DNA, em retrospecto vê essa tentativa de auto-regulação como um erro.[68] (Watson costuma ser "taurino" no que diz respeito às aplicações da biotecnologia; para ele, não deveríamos ter inibições sobre o uso de novos conhecimentos da genética para "melhorar" a humanidade. Ele perguntou retoricamente: "Se os biólogos não derem uma de Deus, quem o fará?".) Mas outro participante de Asilomar, David Baltimore, continua orgulhoso do episódio: na opinião dele, foi correto "envolver a sociedade na reflexão sobre os problemas, porque sabemos que ela pode nos impedir de concretizar os tremendos benefícios desse trabalho, a não ser que nos entendamos com ela e a levemos a analisar os problemas".

O episódio de Asilomar parecia um precedente encorajador. Ele mostrou que um grupo internacional de cientistas de ponta poderia concordar com um gesto de abnegação, e que sua influência na comunidade de pesquisa era suficiente para assegurar que o plano fosse implementado. Hoje, há ainda mais razões para exercitar o controle, mas um consenso voluntário seria muito mais difícil de ser atingido: a comunidade é muito maior e a competição (realçada por pressões comerciais), mais intensa.

Em muitos países, existem diretrizes formais e exigências de licença para a realização de experimentos com animais, motivadas por questões de compaixão. No entanto, há uma "penumbra" de experimentos que, apesar de não serem cruéis nem perigosos, incitam um reflexo de revulsão que leva alguns a exigir uma regulamentação mais ampla.

Os bioeticistas usam o termo "fator eca" [*yuck factor* em inglês] para denotar uma aversão emocional a violações do que percebemos como a ordem natural. Essa reação às vezes não reflete mais do que um conservadorismo não pensante que se desgasta à medida que nos familiarizamos com uma nova técnica: transplantes de rim provocaram uma tal resposta quando foram apresentados, mas hoje são amplamente aceitos; na verdade, até transplantes de córnea tiveram o mesmo efeito. Fotografias em jornais de um rato que recebera um implante de um molde no qual um tecido cresceu na forma de uma orelha humana, quase tão grande quanto o resto de seu corpo, incitou uma reação "eca!" exagerada, apesar de declarações de que o próprio rato estava bem em relação a seu tratamento e despreocupado com sua aparência.

Eu pessoalmente tenho uma resposta "eca!" a experimentos invasivos que modifiquem o comportamento dos animais. Fisiologistas no centro médico da Universidade Estadual de Nova York, no Brooklyn, implantaram eletrodos em cérebros de ratos. Um eletrodo estimulava o "centro do prazer" cerebral; dois outros eletrodos ativavam as regiões que processam os sinais de seus bigodes direitos e esquerdos. Esse simples procedimento transformou os animais em "roborratos" que podiam ser guiados para a esquerda ou para a direita e forçados a comportar-se conforme padrões que pareciam ir de encontro aos seus instintos. Não eram procedimentos necessariamente cruéis, e de certa forma não são diferentes do modo como um cavalo ou um boi são arreados e conduzidos. Mesmo assim, poderiam ser presságio de modificações intrusivas (de humanos e de animais) que põem fim àquilo que, para muitos, deveria ser sua natureza intrínseca; igual reação será engendrada por técnicas hormonais mais sofisticadas para modificar processos de pensamento.

Talvez só uma minoria demonstre uma reação exagerada contra esses experimentos com camundongos e ratos. Porém, alguns procedimentos que em breve talvez sejam possíveis podem desencadear uma revulsão tão disseminada que decerto haverá pressão para bani-los: por exemplo, a "construção" de animais insensíveis que (poder-se-ia argumentar) teriam a qualidade moral de vegetais e assim poderiam ser tratados de um modo assustador, sem nenhuma compunção ética. (A indústria alimentar seria então liberada de pressões para abandonar o tratamento cruelmente intensivo de animais criados em âmbito industrial.) Hominóides sem cérebro cujos órgãos pudessem ser colhidos como partes sobressalentes pareceriam, eticamente, ainda mais problemáticos. Por outro lado, transplantar órgãos de porcos ou de outros animais para humanos não deveria suscitar maiores preocupações éticas do que comer carne, embora essa técnica (xenotransplante) talvez seja banida — independentemente de julgamentos éticos — por causa dos riscos de que novas doenças animais sejam introduzidas na população humana. Usar células-tronco para cultivar um órgão de substituição *in situ* pareceria uma alternativa muito mais aceitável à cirurgia de transplante, que com freqüência envolve uma espera tensa e ambivalente, senão ansiosa, por um acidente de carro ou um infortúnio similar que forneça um "doador" adequado.

Técnicas de clonagem animal podem em breve tornar-se rotina, mas tentativas de clonar seres humanos provocam uma reação "eca!" generalizada. Há rumores de que o culto raeliano já tenha centenas de embriões clonados. Cientistas responsáveis se oporiam a quaisquer tentativas de clonagem devido à probabilidade de que, mesmo que uma gestação chegasse a termo, a criança resultante apresentasse defeitos devastadores. Apesar das objeções éticas gerais e da alta chance de nascimentos defeituosos, certamente se passarão anos até o nascimento do primeiro humano clonado.

Escolhas a respeito de como a ciência é aplicada — em medicina, no meio ambiente, e assim por diante — deveriam ser debatidas muito além da comunidade científica. Esta é uma razão pela qual é importante que o público amplo tenha uma percepção básica de ciência, que conheça pelo menos a diferença entre um próton e uma proteína. De outra forma, tal debate não passará de slogans, ou será conduzido com nível de megafone nas manchetes sensacionalistas dos tablóides. As opiniões de cientistas não deveriam ter peso especial na decisão de questões que envolvam ética ou riscos:[69] na verdade, é melhor que os julgamentos sejam entregues a grupos mais amplos e imparciais. Um bom aspecto do Projeto Genoma Humano, publicamente financiado, era que parte do orçamento era destinado à discussão e à análise do seu impacto ético e social.

OS PAGADORES DA CIÊNCIA

A pesquisa científica, assim como nossos motivos para realizá-la, não pode ser separada do contexto social no qual ela é desenvolvida. A ciência sustenta a sociedade moderna. Mas, da mesma forma, as atitudes da sociedade determinam que tipo de ciência lhe interessa e quais projetos são favorecidos junto a governos e patrocinadores comerciais.

Só nas ciências com as quais estou pessoalmente envolvido há vários exemplos. Máquinas imensas para estudar partículas subatômicas foram subsidiadas pelo governo porque foram encabeçadas por físicos que se destacaram durante a Segunda Guerra Mundial. Os sensores usados por astrônomos para detectar fracas emissões de estrelas e planetas distantes foram desenvolvidos a fim de permitir que o Exército americano identificasse vietnamitas na mata; agora são usados em câmeras digitais.[70] E dispendiosos projetos científicos no espaço — as sondas que aterrissaram em Marte e nos forneceram fotografias detalhadas de Júpiter e Saturno — pegam carona num imenso programa espacial que foi inicialmente estimulado pela rivalidade entre os superpoderes durante a Guerra Fria. O telescópio espacial *Hubble* teria custado ainda mais se alguns gastos com desenvolvimento não tivessem sido compartilhados com satélites de espionagem.

Devido a influências externas como essa — e seria possível fazer listas equivalentes em outros campos científicos —, o esforço científico se desenvolve de maneira subótima. Esse parece ser o caso quando julgamos em termos puramente intelectuais, ou mesmo quando levamos em conta benefícios prováveis para o bem-estar humano. Alguns tópicos "correram pela pista de dentro" e colheram recursos desproporcionados. Outros, tais como a pesquisa ambiental, fontes de energia renovável e estudos de biodiversidade, merecem mais esforço. Na pesquisa médica, o foco está desproporcionadamente centrado no câncer e nos estudos cardiovasculares, males que assolam os países prósperos, e não nas doenças endêmicas nos trópicos.

Mesmo assim, grande parte dos cientistas considera conhecimento e entendimento como algo que vale a pena atingir e acredita que sua pesquisa "pura" deveria ser irrestrita, desde que feita com segurança e sem objeções éticas. Mas isso não será simplista demais? Há áreas de pesquisa acadêmica — o tipo de ciência feita em laboratórios universitários — que o público em geral deveria tentar restringir, por causa do incômodo que causam a respeito dos rumos que podem tomar? A salvaguarda mais segura contra um novo perigo seria negar ao mundo a ciência básica que o sustenta.

Todos os países dão mais apoio, por motivos estratégicos, a

ciências que prometam desdobramentos valiosos. (A biologia molecular é favorecida em comparação com o estudo de buracos negros, por exemplo; eu pessoalmente estou envolvido com esta última, mas, não obstante, tal discriminação não me parece injusta.) Mas será que o inverso procede? O apoio a uma linha de pesquisa "pura" deveria ser suspenso, mesmo que seja inegavelmente interessante, que não haja motivo para esperar que o resultado possa ser utilizado com má-fé? Eu acho que sim, sobretudo em face de a alocação atual entre ciências diferentes consistir no resultado de uma "tensão" complicada entre fatores externos. É claro, os cientistas não podem ser impedidos de pensar e especular: suas melhores idéias com freqüência surgem espontaneamente, durante as horas de lazer. Contudo, qualquer cientista acadêmico cuja verba tenha sido suspensa tem consciência de que cortes de financiamento podem tornar mais lenta uma linha de pesquisa, ainda que não possam interrompê-la por completo.

Sempre que uma investigação promete um desdobramento lucrativo a curto prazo não é necessário financiamento público, já que fontes comerciais fornecerão o dinheiro: somente a regulamentação do governo poderia então interromper a pesquisa. Essa regulamentação também restringiria a maneira como os benfeitores particulares poderiam distribuir seus recursos. Indivíduos abastados podem distorcer a pesquisa — um norte-americano ofereceu 5 milhões de dólares à Universidade Texas A&M para subsidiar a pesquisa em clonagem porque ele queria clonar seu cão idoso.[71]

Para efetivamente "brecar" os avanços em um campo de pesquisa, seria necessário consenso internacional. Se um país impusesse regulamentos, os pesquisadores mais dinâmicos e as companhias mais empreendedoras migrariam para outro mais receptivo ou permissivo. Isso já está acontecendo nas pesquisas com células-tronco, pois alguns países, em particular o Reino Unido e a Dinamarca, estabeleceram normas relativamente permissivas, em razão do que atraem um "ganho de cérebros". Por oferecer um regime ainda mais atraente para pesquisadores e para sua nascente indústria biotecnológica, Cingapura e China pretendem sobrepujar os competidores.

A dificuldade de uma política dirigista em ciência é que os avanços que fazem época são imprevisíveis. Já comentei que a descoberta dos raios X foi acidental, não o resultado de um programa médico com o objetivo de ver através da carne. Outro exemplo: um projeto do século XIX para melhorar a reprodução musical teria levado a um *orchestrion** elaborado e mecanicamente intrincado, mas não teria nos aproximado das técnicas com efeito usadas no século XX. Essas técnicas foram decorrência de uma pesquisa motivada pela curiosidade de Michael Faraday e seus sucessores sobre eletricidade e magnetismo. Em tempos mais recentes, os pioneiros do laser não tinham idéia da extensão com que sua invenção seria aplicada (e certamente não esperavam que a realização de operações para a remoção de retinas descoladas seria um de seus primeiros usos).

Podemos perguntar, a respeito de qualquer inovação, se seu potencial é tão assustador que deveríamos ser inibidos de levá-la adiante, ou pelo menos impor-lhe algumas restrições. A nanotecnologia, por exemplo, provavelmente causará mudanças na medicina, na informática, na vigilância e em outras áreas práticas, mas poderia chegar a um ponto em que um replicador, com seus perigos associados, se tornasse tecnicamente factível. Haveria então o risco, como há agora com relação à biotecnologia, de uma "soltura" catastrófica (ou de que a técnica fosse empregada como arma "suicida"); a única contramedida seria um análogo nanotecnológico de um sistema imune. Para evitar isso, Robert Freitas sugere

* Caixa musical que imita uma variedade de instrumentos orquestrais. (N. T.)

uma moratória ao estilo Asilomar: a vida artificial deveria ser estudada somente por experimentos em computador em vez de se fazerem testes com qualquer tipo de máquina "real"; também deveria haver uma proibição ao desenvolvimento de nanomáquinas capazes de reproduzir-se num ambiente natural. Preocupações similares poderiam originar-se sobre redes superinteligentes de computadores e outras extrapolações da tecnologia atual.

SIGILO OU TRANSPARÊNCIA?

Em vez de querer retardar uma área de pesquisa, seria possível estancar os riscos seletivamente, negando novo conhecimento àqueles que parecem tender a aplicá-lo mal? Os governos sempre mantiveram em segredo a maior parte de seu trabalho relacionado à defesa. No entanto, a pesquisa que não recebe essa classificação (nem é considerada confidencial por razões comerciais) costuma, tradicionalmente, ser acessível a todos. Em 2002, o governo dos Estados Unidos propôs aos cientistas que eles próprios restringissem a disseminação de novas pesquisas que, embora não fossem secretas, eram sensíveis e poderiam ser mal aplicadas: tratava-se de um desvio tão grande do *éthos* habitual que causou controvérsia na comunidade científica norte-americana.

O que uma universidade faz se um estudante aparentemente qualificado de posse de uma verba generosa mas de proveniência suspeita quer se inscrever para um doutorado em engenharia nuclear ou microbiologia? Na tentativa de obstruir o treinamento de potenciais delinqüentes, poderíamos no máximo impor um modesto atraso na difusão de novas idéias, sobretudo dado que, de todo jeito, indivíduos "de alto risco" não podem ser identificados com segurança. Alguns podem dizer que qualquer coisa a que se ponham freios, mesmo marginalmente, vale a pena. Outros poderiam argumentar que, já que a capacidade se espalhará de qualquer maneira, poderia até ser melhor estar ligado a tantos ex-estudantes quanto possível. Dessa forma, são menores as chances de que um projeto substancial ilícito pudesse ser levado adiante sem que vazassem notícias por meio de contatos pessoais. Transparência máxima em comunicações, além de uma alta taxa de migração internacional, tornaria projetos clandestinos até mesmo de pequena escala difíceis de esconder. O fluxo internacional de estudantes e acadêmicos é restrito na prática por normas nacionais sobre vistos de entrada, mas, se as decisões fossem deixadas às universidades, acredito que a maior parte adotaria uma atitude aberta com relação a estudantes, ao mesmo tempo que imporia um filtro mais rigoroso a visitantes científicos mais avançados.[72]

Uma medida já em discussão seria um acordo internacional que configurasse a aquisição ou a posse de patógenos perigosos, em qualquer lugar, como crime individual em todos os países — assim como acontece com o seqüestro de aviões hoje — e que cultivasse uma cultura em que "dedurar" fosse algo digno de ser recompensado. O principal defensor dessa campanha é Matthew Meselson, professor de Harvard e especialista de destaque em armas biológicas.

Os cientistas são os críticos de sua disciplina, assim como os criadores; o controle de qualidade é feito pela "revisão por pares" que precede a publicação de qualquer nova descoberta em um periódico acadêmico. Essa é uma salvaguarda contra declarações imerecidas ou exageradas. Mas tal procedimento está sendo violado com mais e mais freqüência, por causa de pressões comerciais, ou às vezes simplesmente em face da intensa rivalidade acadêmica. Descobertas dignas de nota são trombeteadas, por meio de avisos para a imprensa ou conferências, antes que tenham sido revistas. Em contraste, outras descobertas são ocultadas por razões comerciais. E os próprios cientistas enfrentam um dilema quando estão pesquisando tópicos "sensíveis": vírus letais, por exemplo.

Um dos desvios mais espetaculares das normas científicas ocorreu em 1989, quando Stanley Pons e Martin Fleischmann, que então trabalhavam na Universidade de Utah, declararam ter gerado energia nuclear à temperatura ambiente normal, usando um aparato de mesa.[73] Se crível, a declaração mereceria com certeza todo o auê que suscitou: a "fusão a frio" ofereceria ao mundo um suprimento ilimitado de energia barata e limpa. Estaria na verdade entre uma das grandes descobertas do século, uma das inovações mais importantes desde a descoberta do fogo.

Porém, dúvidas técnicas rapidamente surgiram. Declarações extraordinárias demandam evidência extraordinária, e nesse caso a evidência se mostrou pouco consistente. Incoerências foram detectadas nas declarações de Pons e Fleischmann; experimentos em vários outros laboratórios tentaram reproduzir o fenômeno, mas sem sucesso. A maior parte dos cientistas se mostrava cética e desconfiada desde o início; em um ano o consenso geral era de que os resultados tinham sido mal interpretados, embora ainda hoje restem alguns "seguidores".

Um episódio similar em 2002 foi mais bem conduzido. Um grupo liderado por Rusi Taleyarkhan, um cientista do Oak Ridge National Laboratory, estava investigando um perturbador efeito conhecido como "sonoluminescência": quando ondas sonoras intensas passam por um líquido cheio de bolhas, estas são comprimidas e emitem raios de luz. Os pesquisadores de Oak Ridge declararam ter espremido as bolhas em implosão com uma técnica inteligente a temperaturas tão altas que elas se tornaram quentes o suficiente para desencadear uma fusão nuclear, uma versão transitória e miniaturizada do processo que mantém o Sol brilhando e gera a energia numa bomba de hidrogênio. Nem mesmo seus colegas em Oak Ridge acreditaram: a declaração não violava as "tão caras crenças" tanto quanto a fusão a frio, mas mesmo assim parecia implausível. Entretanto, Taleyarkhan redigiu um artigo para o prestigioso periódico *Science*. Apesar do ceticismo dos revisores, o editor decidiu publicar o artigo, mas com um editorial avisando que era controverso.[74] Essa decisão pelo menos assegurava que a declaração fosse objeto de extenso escrutínio.

O fiasco da "fusão a frio" não causou grande mal a longo prazo, exceto para a reputação pessoal de Pons e Fleischmann e daqueles que se juntaram a eles sem senso crítico. A validade das declarações de Taleyarkhan será em breve decidida mediante a realização de debates e repetições independentes dos experimentos que a motivaram. Qualquer declaração potencialmente memorável, desde que abertamente anunciada, atrairá amplo escrutínio por parte da comunidade internacional de especialistas. Então não importa muito se a revisão formal por pares não é cumprida, desde que não haja impedimento à transparência.[75]

Vamos supor, no entanto, que uma declaração extraordinária como a de Pons e Fleischmann tivesse sido feita por cientistas estabelecidos de um laboratório cuja missão fosse militar ou uma pesquisa comercialmente confidencial. O que teria acontecido? É muito pouco provável que o trabalho chegasse aos olhos do público: uma vez que a importância econômica e estratégica sem precedentes da "descoberta" tivesse sido apreciada por aqueles no comando, seria levado a cabo um devastador programa secreto de pesquisa, consumindo recursos vultosos e protegido do escrutínio aberto.

Algo muito semelhante a isso de fato aconteceu nos anos 1980. O Livermore Laboratory, um dos dois laboratórios norte-americanos gigantes envolvidos no desenvolvimento de armas nucleares, desenvolvia um grande programa secreto com o objetivo de produzir lasers de raio X. Esse esforço era financiado como parte do projeto Iniciativa de Defesa Estratégica (Guerra nas estrelas) do presidente Reagan. O conceito envolvia raios laser no espaço que seriam acionados por explosão nuclear; no microssegundo anterior ao momento de ser vaporizado, o dispositivo devia criar intensos "raios de morte" capazes de destruir mísseis inimigos que se aproximassem. Especialistas independentes eram quase uniformemente sarcásticos em seus julgamentos. Mas era a idéia mais cara a Edward Teller e a seus protegidos: trabalhando num ambiente "fechado", com acesso a vastos recursos do Pentágono, eles puderam empenhar literalmente bilhões de dólares nesse esquema abortivo de "laser de raio X". Se um dos cientistas de Teller tivesse descoberto uma fonte de energia, podem-se imaginar muito bem discussões persuasivas, realizadas a portas fechadas, de que o interesse nacional exigia um programa "explosivo". Nesses exemplos, sigilo leva a desperdício e ao mau direcionamento de esforços. Ainda pior seria um projeto clandestino que de fato oferecesse riscos dos quais os experimentadores não tivessem consciência, ou estivessem minimizando, mas que teriam levado a maior parte dos cientistas externos a pedir sua interrupção.

"RENÚNCIA EM ALTA DEFINIÇÃO"

Uma voz influente a favor de "ir com calma" é Bill Joy, co-fundador da Sun Microsystems e inventor da linguagem computacional Java.[76] Foi surpreendente encontrar desconforto tão profundo manifestado — na revista *Wired*, imagine — por um dos heróis da cibertecnologia, e seu artigo "Why the Future Doesn't Need Us" [Por que o futuro não precisa de nós], publicado em 2000, foi objeto de muitos comentários. O *Times* de Londres publicou um editorial equiparando-o ao famoso memorando de 1940, de autoria dos físicos Robert Frisch e Rudolf Peierls, em que se alertava o governo do Reino Unido da possibilidade de fabricar uma bomba atômica.

O olhar de Joy está fixo no horizonte longínquo. Em vez de

temer aonde a genética e a biotecnologia poderiam nos levar na década atual — aplicações nocivas da genômica, o risco de bioterror por indivíduos, e assim por diante —, sua inquietação se concentra nas ameaças mais remotas das tecnologias baseadas em física. Ele está preocupado sobretudo com as conseqüências "tipo bola-de-neve" que podem resultar do momento em que computadores e robôs ultrapassarem as capacidades humanas. Sua preocupação não se concentra no uso maléfico de nova tecnologia, mas simplesmente no temor de que a genética, a nanotecnologia e a robótica (tecnologias GNR) podem desenvolver-se de forma incontrolável e "nos dominar".

A receita de Joy é "renunciar" à pesquisa e ao desenvolvimento que poderiam tornar essas ameaças reais:

> Se pudéssemos entrar num acordo, como espécie, sobre o que queremos, aonde vamos e por quê, então tornaríamos nosso futuro muito menos perigoso — entenderíamos ao que poderíamos e deveríamos renunciar. De outra forma, podemos facilmente imaginar uma corrida armamentista desenvolvendo-se sobre tecnologias GNR, como aconteceu com as tecnologias [nucleares] no século XX. Esse é talvez o maior risco, pois, uma vez que tal corrida tem início, é muito difícil acabar com ela. Desta vez — ao contrário da época do Projeto Manhattan —, não estamos em guerra, fazendo frente a um inimigo implacável que ameaça a nossa civilização; somos guiados, em vez disso, por nossos hábitos, nossos desejos, nosso sistema econômico e nossa necessidade competitiva de saber.

De acordo com a percepção de Joy, não seria fácil chegar a um consenso de que um tipo específico de pesquisa seria tão potencialmente perigoso que deveríamos abrir mão dele; seres humanos raramente podem "entrar num acordo, como espécie" — a frase que Joy usa —, mesmo sobre o que parecem ser imperativos mais urgentes. Na verdade, um único indivíduo iluminado acharia difícil saber onde traçar o limite em pesquisa. Então será possível "refinar" o suficiente a renúncia para que se possa estabelecer uma discriminação entre projetos benéficos e perigosos? Novas técnicas e descobertas terão em geral uma utilidade manifesta a curto prazo, e ao mesmo tempo se constituirão em passos rumo ao pesadelo a longo prazo de Joy. É possível que as mesmas técnicas que levariam a "nanobôs" vorazes seriam também necessárias para criar o análogo nanotecnológico de vacinas capazes de oferecer imunidade contra eles. Se grupos clandestinos estivessem realizando pesquisas que oferecessem algum risco, seria mais difícil inventar contramedidas se ninguém mais detivesse conhecimento relevante.

Ainda que todas as academias científicas do mundo concordassem que algumas linhas específicas de investigação têm um "porém" inquietante, e todos os países, em uníssono, impusessem uma proibição formal, com que eficácia ela poderia ser posta em prática? Uma moratória internacional poderia certamente retardar tais linhas de pesquisa, mesmo que não pudessem ser suspensas por completo. Quando experimentos são desautorizados por razões éticas, um cumprimento com 99% de eficácia, ou mesmo com somente 90%, é muito melhor do que não ter nenhuma proibição; mas quando experimentos são arriscados em excesso, a conformidade precisaria estar perto dos 100% de eficácia para ser tranqüilizadora: uma única soltura de um vírus letal poderia ser catastrófica, assim como o seria um desastre nanotecnológico. Apesar de todos os esforços empreendidos pelas forças da lei, milhões de pessoas usam drogas ilícitas; milhares as distribuem. Em vista da derrota ao controle do tráfico de drogas ou de homicídios, não é realista esperar que, quando o gênio sai da garrafa, alguma vez possamos estar completamente seguros contra o bioerro e o bioterror: permaneceriam riscos que não poderiam ser eliminados a não ser por medidas que são em si intragáveis, como é o caso da vigilância intrusiva universal.

Meu pessimismo é a mais curto prazo do que o de Bill Joy, e de certo modo mais profundo. Ele está preocupado em protelar o dia em que robôs superinteligentes possam nos dominar, ou em que a biosfera possa desmanchar-se em "gosma cinzenta". Mas antes que essas possibilidades futuristas sejam concretizadas, a sociedade poderia ser atingida com um golpe demolidor em face da má aplicação de uma tecnologia que já existe ou que podemos esperar com certeza para os próximos vinte anos. Ironicamente, o único consolo é que, se esses temores a curto prazo se realizassem, a tecnologia hiperavançada necessária para as nanomáquinas e os computadores sobre-humanos sofreria um retrocesso talvez irreversível, salvaguardando-nos assim das possibilidades que mais perturbam Bill Joy.

7. Desastres naturais de referência: impactos de asteróides

UM ENORME ASTERÓIDE OFERECE PARA NÓS UM RISCO MAIOR DO QUE ACIDENTES DE AVIÃO, MAS A ESCALADA DE AMEAÇAS CAUSADAS POR HUMANOS É MUITO MAIS ASSUSTADORA DO QUE QUALQUER DESASTRE NATURAL.

Em julho de 1994, milhões de pessoas assistiram, pela internet, a imagens telescópicas dos maiores e mais dramáticos "respingos" já vistos. Fragmentos de um grande cometa se chocaram contra Júpiter; manchas escuras maiores do que a Terra inteira, cada uma delas uma "cicatriz" de impacto maciço, ficaram visíveis na superfície daquele planeta gigante por várias semanas. No ano anterior, observara-se o cometa despedaçado, batizado de Shoemaker-Levy em homenagem a seus descobridores, quebrar-se em cerca de vinte pedaços. Astrônomos calcularam que os fragmentos estavam em trajetórias que atingiriam Júpiter e se prepararam para assistir aos impactos no momento previsto.[77]

Esse episódio ressaltou a vulnerabilidade do nosso próprio

planeta a impactos similares. A Terra é um alvo menor do que Júpiter, o gigante do nosso sistema solar, mas cometas e asteróides rotineiramente chegam perto o suficiente para se constituir em perigo. Cerca de 65 milhões de anos atrás, a Terra foi atingida por um objeto com um diâmetro aproximado de dez quilômetros. O impacto resultante liberou uma energia equivalente a 1 milhão de bombas H; desencadeou terremotos capazes de destruir montanhas ao redor do mundo, e ondas de maré colossais; jogou na atmosfera superior dejetos suficientes para bloquear o Sol por mais de um ano. Acredita-se que esse foi o evento que aniquilou os dinossauros. A Terra ainda exibe a cicatriz: foi esse impacto notável que abriu a cratera Chicxulub, de quase duzentos quilômetros de comprimento no golfo do México.

Duas classes separadas de objetos "encrenqueiros" se chocam em nosso sistema solar: cometas e asteróides. Os cometas são feitos sobretudo de gelo, além de gases congelados como amônia e metano: são com freqüência descritos como "bolas-de-neve sujas". A maior parte deles passa quase todo o seu tempo invisível para nós, espreitando nos frios confins mais externos do sistema solar, muito além até mesmo de Netuno e Plutão; mas às vezes eles mergulham para dentro em direção ao Sol em trajetórias quase radiais, aquecendo-se o suficiente para que algum gelo se vaporize, liberando gás e a poeira que reflete a luz do Sol para criar sua conspícua "cauda". Os asteróides, objetos menos voláteis do que os cometas, são compostos de material rochoso e se movem em órbitas quase circulares em torno do Sol. A maior parte deles fica a uma distância segura da Terra, entre as órbitas de Marte e Júpiter. Mas alguns, conhecidos como objetos próximos à Terra (*near-Earth objects*, NEOS), seguem órbitas que podem cruzar-se com a do nosso planeta.

Esses NEOS variam amplamente em tamanho: desde "planetas menores" de mais de cem quilômetros de diâmetro, até meros pedregulhos. Acredita-se que um asteróide de dez quilômetros, mensageiro de uma catástrofe global e de grandes extinções, atinja a Terra uma vez a cada somente 50 a 100 milhões de anos. O impacto Chicxulub, há 65 milhões de anos, pode ter sido o evento mais recente dessa magnitude. Duas outras crateras similarmente vastas, uma em Woodleigh, na Austrália, e outra em Manicouagan, perto de Quebec, no Canadá, poderiam ser os resultados de impactos comparáveis ocorridos há cerca de 200 a 250 milhões de anos. Talvez um deles tenha causado as maiores extinções de todas, na transição entre o Permiano e o Triássico, 250 milhões de anos atrás. (Na época desses impactos, o oceano Atlântico ainda não tinha sido aberto, e a maior parte da massa terrestre formava um único continente, conhecido como Pangéia.)

Asteróides menores (e com impactos menos devastadores) são muito mais comuns: NEOS com um quilômetro de diâmetro são cem vezes mais numerosos do que os asteróides desencadeadores de extinção de dez quilômetros; corpos de cem metros são provavelmente outras cem vezes mais numerosos. A famosa cratera Barringer, no Arizona, foi escavada por um asteróide de cerca de cem metros de diâmetro, que caiu aproximadamente há 50 mil anos; uma cratera similar em Wolfe Creek, na Austrália, tem cerca de 300 mil anos de idade. NEOS de cinqüenta metros parecem atingir a Terra uma vez por século. Em 1908, o meteorito Tunguska devastou uma parte remota da Sibéria. Ele se movia tão depressa, até quarenta quilômetros por segundo, que seu impacto equivalia ao golpe de uma explosão de quarenta megatons. O meteorito se vaporizou e explodiu alto na atmosfera, achatando milhares de quilômetros quadrados de floresta, mas sem deixar cratera.

UM RISCO BAIXO, MAS NÃO DESPREZÍVEL

Não sabemos se um grande e perigoso NEO "com o nosso nome escrito" está destinado a nos atingir no século vindouro. No entanto, sabemos o suficiente sobre a quantidade de asteróides existentes em órbitas que cruzam a da Terra para sermos capazes de calcular a probabilidade. O risco não é significativo o bastante para tirar o nosso sono, mas também não é completamente desprezível. Há um risco de 50% de um impacto da escala do Tunguska em algum lugar da Terra neste século. Contudo, a maior parte da superfície terrestre é coberta por oceanos ou pouco habitada, então a chance de um impacto numa região de população densa é muito menor: só que tal evento poderia causar milhões de mortes.

No mundo como um todo, o risco de enchentes, furacões e terremotos é mais intenso. (Na verdade, a maior catástrofe natural localizada que poderia ser considerada mais provável neste século seria um terremoto em Tóquio ou talvez em Los Angeles, onde a devastação imediata teria conseqüências a mais longo prazo para a economia mundial.) Porém, para europeus e norte-americanos que vivem fora das áreas mais propensas a terremotos ou furacões, o impacto de um asteróide é o desastre natural número 1. O risco dominante não é de eventos da escala do Tunguska, e sim de impactos mais raros, que poderiam devastar uma área maior.

Se você tem agora, digamos, 25 anos de idade, sua esperança de vida futura é de uns cinqüenta anos. Portanto, a chance de ser vítima de um impacto colossal de um asteróide equivale aproximadamente à probabilidade de que um desses aconteça nos próximos cinqüenta anos. Antes que esse prazo chegue ao fim, há cerca de uma chance em 10 mil de que um asteróide de meio quilômetro de diâmetro caia no Atlântico Norte, causando tsunamis gigantes (ondas de maré) que destruiriam as costas norte-americana e européia; ou no Pacífico, onde as conseqüências seriam similares para as costas Leste da Ásia e Oeste dos Estados Unidos. A probabilidade de perdermos nossa vida (com muitos milhões de outras) em tal evento é mais ou menos a mesma que o risco de uma pessoa média morrer num acidente de avião — um pouco mais alta, na verdade, se vivermos perto de alguma costa, onde se é mais vulnerável a maremotos menores.

É um risco pequeno, mas não mais baixo do que aquele representado por outros perigos contra os quais os governos tomam medidas de defesa ou melhoria. Um relatório recente sobre NEOS subsidiado pelo governo britânico[78] assim apresentou a situação:

> Se um quarto da população do mundo estivesse em perigo devido ao impacto de um objeto com um quilômetro de diâmetro, então, segundo as normas de segurança atualmente vigentes no Reino Unido, o risco de tais casualidades, mesmo que sua ocorrência se desse em média uma vez a cada 100 mil anos, excederia significativamente um nível tolerável. Se esses riscos fossem responsabilidade de um operador de uma fábrica industrial ou outra atividade, seria exigido que ele tomasse medidas para reduzir esse risco.

Com a descoberta e o rastreamento dos mais perigosos NEOS que cruzam a Terra, poderíamos em princípio contar com anos de aviso prévio para qualquer catástrofe de peso. Se fosse previsto um impacto médio no Atlântico, a evacuação em massa de áreas costeiras poderia salvar dezenas de milhões de vidas, mesmo que não pudéssemos fazer nada para desviar o objeto em aproximação. A comunidade internacional gasta bilhões de dólares por ano em previsão do tempo; pode, portanto, prever furacões. Assegurar que um (muito mais improvável mas bem mais devastador) tsunami gigante — como aparece no filme *Impacto profundo* — não nos pegue desprevenidos parece valer alguns milhões.

REDUZINDO O RISCO?

Há outro motivo para levantar e catalogar todos os NEOS: a longo prazo, pode ser possível desviar objetos encrenqueiros para longe da Terra, mas para isso é necessário que se conheçam as órbitas com precisão, e não se atinge precisão sem que tais objetos tenham sido seguidos por um longo período. O romance de Arthur C. Clarke, *Encontro com Rama*,[79] descreve como um evento como o Tunguska acaba com o Norte da Itália. (O ano que Clarke escolheu para essa catástrofe foi o de 2077, e a data, por coincidência, 11 de setembro.)

> Depois do choque inicial, a humanidade reagiu com uma determinação e uma unidade que não se teriam visto em nenhuma era anterior. É possível que tal desastre não acontecesse outra vez por mil anos — mas poderia ocorrer amanhã. Muito bem; não haveria próxima vez. Nunca mais seria permitido que um meteorito grande o bastante para causar uma catástrofe violasse as defesas da Terra. Assim começou o Projeto Espaçoguarda.

Projetos do tipo "espaçoguarda",[80] com os quais podemos não apenas nos prevenir como também nos proteger dos impactos de asteróides, não precisam permanecer no nível da ficção científica: eles poderiam ser implementados em cinqüenta anos. Hoje, se soubéssemos com vários anos de antecedência que um NEO está a caminho para chocar-se contra a Terra, não haveria nada a fazer. Mas dentro de algumas décadas poderíamos dispor da tecnologia necessária para desviar a trajetória de maneira a assegurar que o objeto "encrenqueiro" não oferecesse risco.[81] Quanto mais previamente fôssemos avisados da iminência de um impacto, menor seria o cutucão orbital exigido para mudar seu rumo de forma a não nos atingir. Porém, até mesmo tentar um empreendimento como esse seria imprudente sem que soubéssemos um tanto mais do que sabemos hoje sobre a matéria de que os asteróides são feitos. Alguns são rochas sólidas; mas outros (talvez a maioria) podem ser pilhas de pedras frouxamente aglomeradas unidas tão-somente por "visgo" e por sua fraquíssima gravidade. No último caso, a tentativa de desviar um asteróide de seu rumo (sobretudo por métodos drásticos, como explosão nuclear) poderia estilhaçá-lo, o que representaria um risco agregado ainda maior para a Terra do que o do corpo único original.

Cometas são mais difíceis de lidar. Alguns (como o Halley) retornam repetidas vezes e seguem órbitas bem mapeadas, mas a maioria se aproxima "subitamente" desde o espaço profundo, sem mais do que um ano de aviso. Além disso, suas órbitas são um tanto erráticas porque jorra gás deles e fragmentos se destacam de formas imprevisíveis. Por essas razões, eles representam um risco difícil de manejar e talvez irredutível para nós.

Um índice numérico que mede a seriedade de catástrofes improváveis, tais como potenciais impactos de asteróides, foi introduzido por Richard Binzel, um professor do MIT. Esse índice foi adotado numa conferência internacional em Turim e ficou conhecido como escala Torino. Ela se parece com a conhecida escala Richter para terremotos. Porém, a posição de um evento nessa escala leva em conta tanto a probabilidade de sua ocorrência como sua magnitude: a seriedade de uma ameaça potencial depende dessa probabilidade, multiplicada pela quantidade de devastação que ela acarretaria se de fato acontecesse. A escala vai de 1 a 10. Um asteróide de cinqüenta metros, como o que explodiu sobre a Sibéria em 1908, teria grau 8 na escala se não houvesse dúvidas de que nos atingiria; um asteróide de um quilômetro teria grau 10 se também não houvesse dúvidas de que iria nos atingir, mas seria classificado como 8 se sua órbita fosse pouco conhecida de modo que pudéssemos apenas prever sua passagem em algum lugar num raio de 1 milhão de quilômetros da Terra. Nosso planeta só tem 12.750 quilômetros de diâmetro, então a probabilidade de atingir a "mosca" giraria em torno de uma em 10 mil.

O número Torino imputado a um evento específico pode

mudar à medida que acumulamos mais evidências.[82] Por exemplo, o caminho de um furacão pode de início ser difícil de prenunciar; no entanto, conforme ele avança, torna-se possível prever com confiança cada vez maior se ele atravessará uma ilha populosa ou se errará o alvo. Da mesma maneira, quanto mais seguimos um NEO, com maior precisão podemos prever sua trajetória futura. Com freqüência são identificados grandes asteróides que, com base numa órbita meio "chutada", poderiam pôr a Terra em perigo. Mas, quando suas órbitas são demarcadas com maior exatidão, em geral ficamos confiantes de que passará ao largo — nesses casos, seu grau na escala Torino cai em direção a zero. No entanto, são poucos os casos em que a área de incerteza encolhe mas a Terra permanece em seu âmbito; então teríamos razão para nos preocupar ainda mais e o número Torino subiria, talvez, de 8 para 10.

Especialistas em impactos de NEOs desenvolveram um índice mais refinado, chamado de escala Palermo,[83] que leva em conta quão distante no futuro o possível impacto ocorreria. Essa é uma medida mais efetiva de quão preocupados deveríamos estar. Por exemplo, se soubéssemos que um asteróide de cinqüenta metros atingiria a Terra no ano que vem, o índice Palermo seria alto, mas se o impacto desse objeto específico fosse previsto, com um nível igualmente alto de confiança, para (digamos) o ano 2890, em nada aumentaria o nosso nível de ansiedade. E isso não se dá simplesmente porque desdenhamos riscos futuros (sobretudo quando sua ocorrência está tão distante que estaremos todos mortos), mas porque a lei das médias nos leva a esperar, antes disso, vários eventos da escala do Tunguska, causados por asteróides de tamanho similar.

Esforços modestos são válidos para monitorar os poucos milhares de NEOs de maior proporção que poderiam oferecer algum risco. Se a conclusão fosse de que nenhum deles atingiria a Terra nos próximos cinqüenta anos, teríamos alcançado um grau de tranqüilidade que compensaria o modesto investimento coletivo em jogo. Se o resultado fosse menos tranqüilizador, poderíamos pelo menos nos preparar; além disso, se o impacto previsto fosse se dar (digamos) daqui a cinqüenta anos, poderia haver tempo suficiente para desenvolver a tecnologia necessária para desviar o objeto encrenqueiro. Também vale a pena melhorar o conhecimento estatístico dos objetos menores, mesmo que não pudéssemos esperar muito sobreaviso se um deles rumasse para uma colisão direta com a Terra.

SUPERERUPÇÕES

Além do perigo sempre presente de choques com asteróides e cometas, há outras catástrofes naturais ainda mais difíceis de prever com antecedência, assim como aquelas ainda mais difíceis de prevenir ou afastar: terremotos e erupções vulcânicas extremamente violentos, por exemplo. Estas últimas incluem uma classe rara de "supererupções", milhares de vezes maiores do que a erupção do Cracatoa em 1883, que lançaria milhares de quilômetros cúbicos de dejetos na atmosfera superior. Uma cratera em Wyoming, com oitenta quilômetros de largura, é um vestígio de um evento desses, ocorrido cerca de 1 milhão de anos atrás. Bem próxima do presente, uma supererupção no Norte de Sumatra, há 70 mil anos, deixou uma cratera de cem quilômetros e ejetou vários milhares de quilômetros cúbicos de cinzas, quantidade suficiente para bloquear o Sol por um ano ou mais.

Dois aspectos dessas violentas catástrofes naturais são, porém, um tanto quanto tranqüilizadores. Primeiro, impactos monumentais de asteróides e erupções vulcânicas colossais são eventos tão raros que pessoas razoáveis não ficam profundamente ansiosas nem preocupadas com eles (embora, caso fosse tecnicamente factível, valesse a pena realizar um investimento substancial a fim de reduzir ainda mais o risco). Segundo, eles não estão se agravando: podemos estar mais conscientes deles do que as gerações anteriores (e a sociedade está certamente mais avessa a risco do que era), mas é provável que nada que a humanidade faça aumente o risco de impactos de asteróides e de supererupções vulcânicas.

Eles servem, portanto, como uma "calibragem" contra os crescentes riscos provocados pelo homem ao meio ambiente, que poderiam, de acordo com cenários pessimistas, tornar-se milhares de vezes maiores.

8. Ameaças humanas à Terra

MUDANÇAS AMBIENTAIS PROVOCADAS POR ATIVIDADES HUMANAS, AINDA MAL COMPREENDIDAS, PODEM SER MAIS GRAVES DO QUE AS AMEAÇAS "DE REFERÊNCIA" DE TERREMOTOS, ERUPÇÕES E IMPACTOS DE ASTERÓIDES.

Em seu livro *The Future of Life* [O futuro da vida],[84] E. O. Wilson dá o tom com uma imagem que ressalta a fragilidade complexa da "Espaçonave Terra":

> A totalidade da vida, conhecida como biosfera pelos cientistas e criação pelos teólogos, é uma membrana tão fina de organismos que envolve a Terra que não pode ser vista de lado a partir de uma nave espacial, porém internamente é tão complexa que a maior parte das espécies que a compõe permanece por descobrir.

Os seres humanos estão acabando com a variedade de vida vegetal e animal da Terra. Extinções são, é claro, intrínsecas à evolução e à seleção natural: menos de 10% das espécies que já nadaram, arrastaram-se ou voaram ainda estão na Terra. Uma procissão extraordinária de espécies (quase todas extintas agora) tem traçado o caminho tortuoso pelo qual a seleção natural avançou de organismos unicelulares até a nossa biosfera presente. Por mais de 1 bilhão de anos, "bichinhos" primitivos exalaram oxigênio, transformando a atmosfera venenosa (para nós) da jovem Terra e abrindo caminho para formas multicelulares complexas — novatos relativos — e para o nosso surgimento.

É preciso um salto imaginativo para entender períodos de tempo geológico e quão colossalmente prolongados eles são comparados à história hominóide, que por sua vez é muito mais longa do que a história humana registrada. (Na cultura popular, essas imensas disjunções são às vezes suprimidas, como em filmes antigos como *Um milhão de anos a.C.*, com Rachel Welch saltitando entre os dinossauros.)

Os fósseis nos informam que uma abundância de coisas nadadoras e rastejantes evoluiu durante a era cambriana há 550 milhões de anos, acarretando uma vasta diversificação de espécies. Os 200 milhões de anos seguintes viram o verdejar da terra e ofereceram um habitat para criaturas exóticas: libélulas grandes como gaivotas, lacraias de um metro, escorpiões gigantes e monstros marinhos semelhantes às lulas. Então vieram os dinossauros. Seu súbito desaparecimento, 65 milhões de anos atrás, abriu caminho para os mamíferos, para a emergência dos primatas e para nós. Uma espécie dura milhões de anos; mesmo os surtos mais rápidos de seleção natural costumam levar milhares de gerações para mudar a aparência de qualquer espécie. (Eventos catastróficos podem, é claro, causar mudanças drásticas em populações animais; impactos de asteróides, por exemplo, podem desencadear extinções súbitas.)

Os registros geológicos revelam cinco grandes extinções. A maior de todas aconteceu na transição entre o período Permiano e o Triássico, há cerca de 250 milhões de anos; o segundo maior, há 65 milhões de anos, acabou com os dinossauros. Mas seres humanos estão perpetrando uma "sexta extinção" na mesma escala dos episódios anteriores. As espécies estão morrendo cem ou até mesmo mil vezes mais do que a taxa normal. Antes que o *Homo sapiens* entrasse em cena, aproximadamente uma espécie em um milhão se extinguia a cada ano; agora a taxa está mais perto de uma espécie em mil. Algumas espécies estão sendo mortas diretamente; porém, a maior parte das extinções se deve a desdobramentos involuntários de mudanças provocadas pelos humanos no habitat, ou à introdução de espécies não nativas em um ecossistema.

A biodiversidade está sendo erodida. As extinções são deploráveis não só por motivos estéticos e sentimentais, atitudes exageradamente suscitadas pelos vertebrados ditos carismáticos, a minúscula minoria de espécies que são emplumadas, peludas ou grandiosamente oceânicas. Mesmo no nível mais funcional, estamos destruindo a variedade genética que pode ser valiosa para nós. Como Robert May diz, "estamos queimando os livros antes de aprendermos a lê-los".[85] A maior parte das espécies ainda não foi catalogada. Gregory Benford propôs um projeto de Biblioteca da Vida,[86] um esforço urgente para recolher, congelar e armazenar uma amostra da fauna completa de uma floresta ombrófila tropical, não como um substituto para medidas de conservação, e sim como uma "apólice de seguro".

Os avanços biotécnicos estão agravando as ameaças à biosfera. Por exemplo, os salmões em criadouros de peixes, geneticamente modificados para que cresçam maiores e mais depressa, poderiam sobrepujar as variedades naturais se vivessem na natureza. Pior ainda, novas doenças liberadas involuntariamente poderiam devastar espécies. Acima de tudo, essa diminuição iminente das riquezas naturais conota um fracasso em nossa administração do planeta.

Mas o desejo de um mundo "natural" intocado é ingênuo. O meio ambiente que muitos de nós prezamos e com o qual nos sentimos mais em sintonia — em meu caso o interior inglês — é uma criação artificial, resultado de séculos de cultivo intensivo, enriquecido por muitas plantas e árvores não nativas introduzidas por fazendeiros e jardineiros. Mesmo a paisagem norte-americana do "Velho Oeste" está longe de ser natural. Os índios vinham transformando o terreno muito antes das primeiras invasões dos europeus: "corte e queimada" são práticas que datam de pelo menos um milênio, tornando a paisagem muito mais aberta e menos arborizada do que seu estado virgem. A terra foi transformada de forma ainda mais intensiva no século XX.

PROJEÇÕES POPULACIONAIS

O impacto a longo prazo da humanidade sobre a Terra depende tanto da população como do estilo de vida. A WWF, um grupo de conservação, publicou estimativas da área, ou "pegada", necessária para manter cada pessoa:[87] a conclusão é de que precisaríamos de uma área equivalente a "quase três planetas" para manter a população mundial com o estilo de vida e o padrão de consumo previstos para 2050. Esse cálculo específico é controverso e talvez tendencioso: por exemplo, a "pegada" inclui a área de floresta requerida para absorver o dióxido de carbono que emana do gasto de energia por pessoa, sem contar com uma possível alteração para o uso de fontes de energia renováveis, nem com o ponto de vista sustentável de que um aumento sutil nos níveis de dióxido de carbono é tolerável. Mesmo assim, o mundo simplesmente não poderia manter para sempre sua população inteira vivendo segundo o estilo de vida atual dos europeus e dos norte-americanos de classe média.

No outro extremo, uma população com até 10 bilhões de pessoas seria completamente sustentável se todos vivessem em apartamentos minúsculos, talvez como os "hotéis-cápsula" que já existem em Tóquio, subsistissem com uma dieta vegetariana baseada em arroz, conectados por via eletrônica, viajassem pouco e encontrassem recreação e realização na realidade virtual em vez de no consumo e na incessante locomoção atualmente favorecidos no desregrado Ocidente. Tal estilo de vida seria frugal em suas demandas de energia e de recursos naturais. Ele não precisaria, porém, ser incompatível com os avanços de ordem cultural e técnica: na verdade, as mais dramáticas máquinas de crescimento econômico atual — a miniaturização e a tecnologia da informação — são benéficas para o ambiente.

Para que uma população se mantenha num estado de equilíbrio, cada mulher deve ter em média 2,1 crianças (o 0,1 a mais diz respeito a crianças que nunca chegarão à idade reprodutiva). As taxas de fertilidade em muitos países desenvolvidos estão bem abaixo disso. Surpreendentemente talvez, a Itália católica apresenta a taxa mais baixa de todas — só 1,2 parto por mulher. Os índices referentes à Grécia e à Espanha são quase tão baixos quanto os da Itália, bem como os da Rússia e da Armênia.

A drástica redução no tamanho das famílias não é um fenômeno unicamente europeu. Hoje, são mais de sessenta países em que a fertilidade está abaixo do nível de substituição. Entres eles incluem-se não só a China, onde há muito tempo se exerce pressão política para "famílias de uma criança", como também outros países asiáticos, tais como Japão, Coréia e Tailândia, onde essa pressão inexiste. E houve declínios drásticos em outros lugares. Por exemplo, apesar da política anticontracepção da Igreja católica, a taxa de fertilidade brasileira caiu pela metade em vinte anos e é atualmente de 2,3. No Irã, onde os mulás que estiveram no poder durante os anos 1990 eram abertamente hostis à agenda da ONU para limitar o crescimento populacional, as mulheres assumiram o controle das decisões e a taxa de fertilidade caiu de 5,5 em 1988 para atuais 2,2.

Apesar da baixa taxa de natalidade, a população da Europa ainda está crescendo, em parte porque as crianças da "explosão populacional" estão em idade reprodutiva, e também por causa da imigração e da melhora na esperança de vida. Avanços médicos e medidas de saúde pública ampliaram a expectativa de vida e o vigor em todo o mundo, a não ser nas partes mais pobres.

Sem que uma catástrofe intervenha, a população mundial parece destinada a continuar crescendo até 2050, quando terá atingido 8 bilhões. Essa projeção pode ser explicada pelo fato de a atual distribuição etária nos países em desenvolvimento apresentar forte viés em direção aos jovens, o que significa que o crescimento continuaria mesmo que essas pessoas tivessem menos filhos do que o nível de substituição. Tal aumento, combinado com a tendência à urbanização, gerará pelo menos vinte "megacidades" com populações excedendo os 20 milhões.

Mas a queda surpreendentemente rápida das taxas de fertilidade, assim como uma ramificação do maior poder das mulheres, levou a ONU a reduzir suas projeções para a segunda metade deste século. O melhor palpite no momento é que depois de 2050 a população começará a cair, talvez alcançando novamente o montante atual até o fim do século, a não ser que os avanços médicos elevem a esperança de vida aos níveis que alguns futurólogos prevêem. Os "para lá de cinqüentões" dominarão na Europa e na América do Norte, mesmo sem nenhuma nova técnica que estenda o tempo de vida. Essa tendência pode ser mascarada, sobretudo nos Estados Unidos, pela imigração proveniente do mundo em desenvolvimento, onde a estabilização e o conseqüente declínio (caso aconteçam) serão retardados.

É claro, essa extrapolação é baseada em pressupostos sobre tendências sociais. Se países europeus ficassem genuinamente ansiosos a respeito da queda da população, os governos poderiam de imediato introduzir medidas para estimular a fertilidade. De outra forma, a transmissão de epidemias em megacidades poderia causar declínios catastróficos, como os já esperados para partes da África, e até 2050 tais previsões poderiam estar radicalmente alteradas por avanços técnicos em robótica e em medicina, tão drásticos quanto aqueles previstos pelos tecnoentusiastas.

O resultado mais benéfico, se pudéssemos de fato sobreviver ao próximo século sem reversões catastróficas, seria um mundo com uma população menor do que a atual (e muito aquém de seu pico projetado para cerca de 2050).

Um novo risco que pode estar abarcado nessas projeções, e talvez seja um presságio de outros, é a epidemia de Aids. Ela não se havia estabelecido na população humana até os anos 1980, e ainda não chegou a seu pico. Acredita-se que quase 10% dos 42 milhões de pessoas da África do Sul são soropositivas: a previsão é de que a Aids causará 7 milhões de mortes até 2010 só naquele país, o que eliminaria boa parte do grupo etário mais produtivo, cortaria a expectativa de vida tanto de homens como de mulheres em até vinte anos e deixaria milhões de órfãos traumatizados na geração mais jovem.[88] A florescente pandemia de Aids devastará a África; milhões de casos estão previstos para a Rússia; o número total de infectados está crescendo depressa na China e na Índia, onde as mortes provocadas por ela podem exceder os níveis africanos dentro de uma década.

Podemos esperar outras funestas pragas "naturais"? Alguns especialistas têm sido tranqüilizadores sobre nossa provável suscetibilidade. Paul W. Ewald,[89] por exemplo, observa que as migrações globais e a conseqüente mistura de povos ao longo do último século nos expuseram a patógenos de todas as partes do mundo, mas houve somente uma pandemia devastadora: o vírus HIV, da Aids. Os outros vírus de ocorrência natural, como o ebola, não são duráveis o suficiente para gerar uma epidemia descontrolada. No entanto, a avaliação levemente positiva de Ewald deixa de lado o risco de algumas epidemias desencadeadas por bioerro ou por bioterror, e não pela natureza.

O CLIMA INCONSTANTE DA TERRA

Tanto a mudança climática como a extinção de espécies caracterizaram a Terra ao longo de sua história. Mas a primeira vem sendo, da mesma forma que a segunda, assombrosamente acelerada por ações humanas.

O clima passou por mudanças naturais em todas as escalas de tempo, de décadas a centenas de milhões de anos.[90] Mesmo na era de história registrada, o clima regional sofreu variação evidente. Fazia mais calor no Norte da Europa mil anos atrás: havia assentamentos agrícolas na Groenlândia, onde animais pastavam em terras hoje cobertas de gelo; e vinhedos floresciam na Inglaterra. Mas houve prolongados períodos de frio também. A onda de calor parece ter terminado por volta do século XV, para ser sucedida por uma "pequena idade do gelo" que perdurou até o fim do século XVIII. Há registros regulares do gelo no Tâmisa ficando tão espesso durante boa parte daquele período que fogueiras eram acesas sobre ele; as geleiras nos Alpes avançavam. A "pequena idade do gelo" pode fornecer pistas importantes para uma questão perenemente controversa: se a variabilidade do Sol poderia desencadear alterações no clima. Durante essa onda de frio, o Sol parecia comportar-se de modo ligeiramente irregular: na segunda metade do século XVII e nos primeiros anos do XVIII houve um misterioso período de setenta anos (agora conhecido como o mínimo de Maunder, em homenagem ao primeiro cientista a perceber o fenômeno), no qual quase não havia manchas solares. A atividade na turbulenta superfície do Sol — explosões, manchas solares, e assim por diante — normalmente se eleva a um pico e então cai outra vez, num ciclo que se repete de forma bastante desordenada, mas, *grosso modo*, a cada onze ou doze anos. As declarações de que esse ciclo afetava o clima datam de mais de duzentos anos, mas são ainda controversas. (Já se afirmou que o ciclo econômico "segue" a atividade solar.) Há também quem diga que a extensão de um ciclo em particular — se está mais próximo de onze ou de doze anos — afeta a temperatura média.

Ninguém entende bem como as manchas solares e a atividade de explosões (ou sua ausência) poderiam afetar o clima dessa maneira. As manchas solares estão ligadas ao comportamento magnético do Sol e às explosões que geram partículas rápidas que atingem a Terra. Tais partículas em si, no entanto, carregam apenas uma fração mínima da energia solar, mas deveríamos estar abertos à possibilidade de que algum "amplificador" na atmosfera superior possa dar-lhe a capacidade de desencadear mudanças substanciais na camada de nuvens. Os cientistas com freqüência rejeitaram evidências que estavam bem diante de seus narizes porque, na época, não podiam imaginar como explicá-las. (Uma instância espetacular disso é a deriva continental. A costa da Europa e da África parece encaixar-se com a das Américas, como num quebra-cabeça, como se alguma vez essas massas terrestres tivessem sido unidas e depois se separado. Até os anos 1960 ninguém entendia como teria sido possível os continentes se moverem, e alguns geofísicos renomados negavam a evidência de seus próprios olhos em vez de aceitar que o movimento continental poderia ter sido induzido por algum mecanismo que eles ainda não haviam sido astutos o suficiente para imaginar.)

Há outros efeitos ambientais no clima, tais como grandes erupções vulcânicas. A erupção de 1815 do vulcão Tambora, na Indonésia, lançou cerca de cem quilômetros cúbicos de poeira na estratosfera, junto com gases que, combinados com água, se vaporizaram para criar um aerossol de gotículas de ácido sulfúrico. Um tempo excepcionalmente frio no ano seguinte, tanto na Europa como na Nova Inglaterra, fez com que o ano de 1816 ficasse conhecido como "o ano sem verão". (Mary Shelley escreveu sua fantasia gótica *Frankenstein* — o primeiro romance moderno de ficção científica — durante o inverno fora de época daquele ano, enquanto passava uma temporada na mansão alugada de Byron às margens do lago Genebra.)

Completamente inesperada foi uma mudança atmosférica causada por humanos: a emergência do buraco de ozônio sobre a Antártica, provocada por reações químicas de clorofluorcarbonetos (CFCS) na estratosfera que esgotaram a camada de ozônio. Um acordo internacional para acabar com os CFCS culpados, usados em latas de aerossol e na substância resfriadora em geladeiras domésticas, diminuiu o problema: o buraco de ozônio agora está se preenchendo. Mas na verdade tivemos sorte de esse problema ter sido tão prontamente remediado. Paul Crutzen, um dos químicos que elucidaram como os CFCS agiam na atmosfera superior, observou que consistiu em um acidente tecnológico e um capricho da química a adoção, nos anos 1930, do fluido comercial de refrigeração baseado em cloro. Se em vez disso tivesse sido usado o bromo, os efeitos atmosféricos teriam sido mais rigorosos e duradouros.

AQUECIMENTO ESTUFA

Em contraste com o desgaste do ozônio, o aquecimento global devido ao chamado "efeito estufa" é um problema ambiental para o qual não há conserto rápido. Esse efeito surge porque a atmosfera está mais transparente à luz solar incidente do que à "radiação de calor" infravermelha emitida pela Terra; o calor, portanto, é capturado, exatamente como numa estufa.[91] O dióxido de carbono é um dos "gases estufa" (o vapor de água e o metano são outros) que capturam o calor. O dióxido de carbono atmosférico já está 50% acima de seu nível pré-industrial, por causa do crescente consumo de combustíveis fósseis. Há um consenso de que esse acúmulo tornará o mundo mais quente no século XXI do que ele seria normalmente, entretanto quão mais quente ainda não se sabe. O aumento principal de temperatura será provavelmente entre dois e cinco graus. Poucos arriscariam predições mais precisas; muitas advertências compostas por cenários mais extremos não podem ser descartadas. Mesmo se o aumento fosse de somente dois graus, uma estimativa muito conservadora, isso já poderia acarretar sérias conseqüências localizadas (por exemplo, mais tempestades e outras formas de clima extremo).

Não há nada muito favorável sobre o clima atual da Terra: é simplesmente algo com que a civilização humana se acomodou ao longo dos séculos, assim como fizeram os animais e plantas (tanto naturais como agrícolas) com os quais dividimos o espaço. A razão pela qual o iminente aquecimento global poderia ser ameaçadoramente perturbador é que acontecerá com muito mais rapidez do que as mudanças naturais no passado histórico; rápido demais para que as populações humanas e os padrões de uso da terra e da vegetação natural se ajustem. O aquecimento global pode ocasionar uma elevação no nível do mar, um aumento severo das intempéries e uma disseminação de doenças transmitidas por mosquitos para latitudes mais altas. O lado bom (de nossa perspectiva humana) é que o clima no Canadá e na Sibéria se tornará mais temperado.

O aquecimento global constante ao ritmo dos "palpites mais

conservadores" imporia custos em ajustes agrícolas, em defesas marítimas e em outras áreas, além de agravar as secas em algumas regiões. A ação orquestrada por governos para reduzir o aquecimento global certamente é válida. Seria um exagero, porém, considerar um aumento de temperatura de dois ou três graus uma catástrofe global. Seria um revés para o avanço econômico e causaria o empobrecimento de muitas nações. Períodos de fome em um país em geral são decorrentes da má distribuição de riqueza, mais do que da falta generalizada de comida, e podem ser amenizados por meio de ação governamental. Da mesma forma, as conseqüências de alterações climáticas poderiam ser amenizadas, e distribuídas mais eqüitativamente, mediante uma ação internacional.

A aparente diminuição do crescimento populacional é, obviamente, uma boa notícia no que se refere às projeções de aquecimento global: menos gente quer dizer menos emissão. Mas há tanta inércia nos sistemas atmosféricos e oceânicos que, o que quer que aconteça, parece provável que até 2100 tenhamos uma elevação de pelo menos dois graus na temperatura média. Quaisquer projeções mais distantes no tempo dependem evidentemente do tamanho da população e de como as pessoas vivem e trabalham. Ainda mais, o prognóstico a longo prazo dependerá da substituição ou não de combustíveis fósseis por fontes alternativas de energia.[92] Os otimistas esperam que isso aconteça automaticamente. O propagandista ambiental antipessimismo Bjorn Lomborg cita a máxima de um ministro do petróleo saudita, para quem "a idade do petróleo terminará, mas não por falta de petróleo, assim como a idade da pedra terminou, mas não por falta de pedras". No entanto, a maior parte dos especialistas acredita que tetos impostos pelo governo à emissão de dióxido de carbono valem a pena não só por seu impacto direto, como igualmente por atuarem como um estímulo ao desenvolvimento de fontes de energia renováveis mais eficientes.

Para o grosso da população mundial, as posições ideológicas do século XX que nortearam as relações entre Oriente e Ocidente e motivaram o confronto nuclear eram uma distração irrelevante dos problemas imediatos decorrentes da pobreza e dos riscos ambientais. Às "ameaças sem inimigos" de todos os tempos (terremoto, tempestade e seca) devem agora ser adicionadas as ameaças causadas pelo homem à biosfera e aos oceanos. A biosfera da Terra tem mudado sem cessar ao longo de sua história. Mas as mudanças globais — poluição, perda de biodiversidade, aquecimento global etc. — não têm precedentes em sua velocidade.

Os problemas de degradação ambiental se tornarão muito mais ameaçadores do que são hoje. O ecossistema pode não ser capaz de ajustar-se a eles. Ainda que o aquecimento global ocorra na ponta mais lenta do espectro provável, suas conseqüências — competição por suprimento de água, por exemplo, e migrações em ampla escala — podem engendrar tensões desencadeadoras de conflitos internacionais e regionais, sobretudo se eles forem excessivamente alimentados por crescimento populacional contínuo. Além disso, tal conflito poderia ser agravado, talvez de modo catastrófico, pelas técnicas de perturbação cada vez mais eficazes com as quais a nova tecnologia está delegando poder até mesmo a pequenos grupos.

A interação entre a atmosfera e os oceanos é tão complexa e incerta que não se pode descartar o risco de algo muito mais drástico do que os "melhores palpites" sobre a taxa de aquecimento global. A elevação até 2100 poderia até mesmo exceder os cinco graus. Pior, a mudança de temperatura pode não se dar somente em proporção direta (ou "linear") ao aumento na concentração de dióxido de carbono. Quando algum nível limite é alcançado, pode haver uma "virada" súbita e drástica para um novo padrão de ventos e de circulação oceânica.

A corrente do Golfo é parte de um sistema de fluxo de águas conhecido como "correia transportadora",[93] pelo qual a água quente flui a nordeste, em direção à Europa, perto da superfície, e volta, já fria, por maiores profundidades. O derretimento do gelo da Groenlândia causaria a descarga de um imenso volume de água doce, que se misturaria com a água salgada, diluindo e tornando-a tão flutuante que não afundaria mesmo depois de esfriar. Essa injeção de água doce poderia, portanto, extinguir o padrão de circulação "termoalina" (controlado pela salinidade e pela temperatura do oceano) que é crucial para manter o clima temperado do Norte da Europa. Se a corrente do Golfo fosse truncada ou revertida, a Bretanha e os países vizinhos poderiam ser mergulhados em invernos quase árticos, como aqueles que atualmente prevalecem em latitudes similares no Canadá e na Sibéria.

Sabemos que mudanças desse tipo ocorreram no passado porque amostras retiradas das camadas de gelo que recobrem a Groenlândia e a Antártica fornecem um tipo de registro fóssil de temperaturas: a cada ano gelo fresco congela por cima e esmaga as camadas anteriores. Resfriamentos drásticos em intervalos de décadas ou menos parecem ter acontecido muitas vezes durante as últimas centenas de milhares de anos. O clima na verdade permaneceu excepcionalmente estável ao longo dos últimos 8 mil anos. A preocupação está em que o aquecimento global causado pelo homem pode tornar a próxima "virada" muito mais iminente.[94]

"Reverter" a corrente do Golfo seria um desastre para a Europa ocidental, embora pudesse haver alguma "vantagem", como compensação, em outro lugar. Outro cenário (assumidamente improvável) seria o chamado "efeito estufa em bola-de-neve", em que temperaturas crescentes causam uma retroalimentação positiva que libera ainda mais gás estufa.[95] A Terra teria que estar substancialmente mais quente do que de fato está para correr qualquer risco de evaporação desenfreada de água dos oceanos (vapor de água sendo um gás estufa). Mas não podemos excluir com tanta firmeza um descontrole devido à emissão de imensas quantidades de metano (pelo menos vinte vezes mais eficiente do que o dióxido de carbono como gás estufa) aprisionado no solo. Tal vazamento seria um desastre global.

Se pudéssemos ter absoluta certeza de que nada mais drástico do que mudanças "lineares" no clima pudessem ocorrer, seria tranqüilizador. A pequena chance de algo realmente catastrófico é mais preocupante do que a chance maior de eventos menos extremos. Nem mesmo as mais rigorosas mudanças climáticas concebíveis poderiam destruir diretamente toda a humanidade, mas as piores delas, acompanhadas por transições para modelos climáticos muito mais variáveis e extremos, poderiam anular décadas de avanço econômico e social.

Mesmo uma chance de 1% de que mudanças atmosféricas causadas por humanos possam desencadear uma transição climática extrema e súbita — e um meteorologista precisaria estar realmente muito confiante para estimar uma probabilidade tão baixa — é uma perspectiva inquietante o suficiente para justificar medidas de precaução mais enérgicas do que aquelas já propostas pelos acordos de Kyoto (que exigem que países industrializados reduzam suas emissões de dióxido de carbono para os níveis de 1990 até 2012). Uma ameaça dessa ordem seria cem vezes maior do que o risco basal de catástrofe ambiental ao qual a Terra está exposta independentemente de ações humanas, referente a impactos de asteróides e eventos vulcânicos violentos.

Concluo este capítulo com uma avaliação sóbria de Charles, o príncipe de Gales,[96] cujas idéias são poucas vezes citadas com aprovação pelos cientistas:

As ameaças estratégicas impostas por problemas globais ambientais e de desenvolvimento são o mais complexo, intrincado e potencialmente devastador de todos os desafios à nossa segurança. Os cientistas [...] não entendem completamente as conseqüências do nosso ataque multifacetado ao tecido entrelaçado de atmosfera, água, terra e vida com toda a sua diversidade biológica. As coisas poderiam terminar bem pior do que o melhor dos palpites científicos atuais. Em assuntos militares, a política há muito tem se baseado na máxima de que deveríamos estar preparados para a pior das hipóteses. Por que deveria ser tão diferente quando a segurança é aquela do planeta e do nosso futuro a longo prazo?

9. Riscos extremos: uma aposta de Pascal

É CONCEBÍVEL QUE ALGUNS EXPERIMENTOS PUDESSEM AMEAÇAR A TERRA INTEIRA. QUÃO PERTO DE ZERO DEVERIA ESTAR O RISCO DECLARADO ANTES QUE TAIS EXPERIMENTOS SEJAM SANCIONADOS?

O matemático e místico Blaise Pascal forneceu um argumento famoso para o comportamento devoto: mesmo se você achasse extremamente pouco provável a existência de um Deus vingativo, seria prudente e racional comportar-se como se Ele existisse, porque vale a pena pagar o preço (finito) de abrir mão de prazeres ilícitos nesta vida como um "prêmio de seguro" para defender-se contra a menor probabilidade que seja de algo infinitamente horrível — o Fogo eterno — após a morte. Este argumento parece ter pouca repercussão hoje, mesmo entre os crentes assumidos.

A celebrada "aposta" de Pascal é uma versão extrema do "princípio de precaução".[97] Essa linha de raciocínio é amplamente invocada em políticas ambientais e de saúde. Por exemplo, as conseqüências a longo prazo de plantas e animais geneticamente modificados para a saúde humana, e para o equilíbrio ecológico, são manifestamente incertas: um resultado desastroso pode parecer improvável, mas não podemos dizer que seja impossível. Proponentes do princípio de precaução insistem em que deveríamos agir com cuidado, e em que deveria pesar sobre os defensores da modificação genética o ônus de convencer o resto de nós de que tais temores são infundados — ou, no mínimo, de que os riscos são pequenos o suficiente para serem ultrapassados por benefícios específicos e substanciais. Um argumento análogo é que deveríamos abrir mão dos benefícios advindos do consumo extravagante de energia, e assim reduzir as conseqüências deletérias do aquecimento global — sobretudo o pequeno risco de que suas conseqüências poderiam ser muito mais sérias do que a "melhor das hipóteses" sugere.

O anverso das imensas perspectivas da tecnologia está na crescente variedade de desastres potenciais, não só por má-fé, como também por um descuido inocente. Podemos imaginar eventos — embora improváveis — capazes de causar epidemias globais de doenças fatais para as quais não há antídoto, ou mudar a sociedade de modo irreversível. E a robótica e a nanotecnologia poderiam, a longo prazo, ser ainda mais ameaçadoras.

Porém, não se descarta a possibilidade de a física também ser perigosa. Alguns experimentos são projetados para gerar condições mais extremas do que podem acontecer naturalmente. Nesse caso, ninguém sabe exatamente o que acontecerá. Na verdade, não faria sentido desenvolver qualquer experimento se seus resultados pudessem ser de todo previstos de antemão. Para alguns teóricos, certos tipos de experimento poderiam desencadear um processo do tipo bola-de-neve que destruiria não só a nós, como à própria Terra. Tal evento parece muito menos provável do que as bio ou nanocatástrofes provocadas por humanos que poderiam abater-se sobre nós durante este século; menos provável, de fato, do que um gigantesco impacto de asteróide. No entanto, se tal desastre ocorresse, seria, em qualquer avaliação, pior do que "meramente" destruir a civilização, ou até mesmo destruir toda a vida humana. Ele motiva a questão de como quantificamos graus relativos de horror, e que precauções deveriam ser tomadas (por quem) contra ocorrências cuja probabilidade pode parecer ínfima, mas que poderiam acarretar uma calamidade "quase infinitamente má". Deveríamos abrir mão de alguns tipos de experimentos, pela mesma razão pela qual Pascal recomendou comportamento prudente?

ARRISCANDO A TERRA

Preocupações prometéicas desse tipo remontam ao projeto da bomba atômica durante a Segunda Guerra Mundial. Poderíamos ter certeza absoluta, alguns questionaram então, de que uma explosão nuclear não inflamaria toda a atmosfera ou os oceanos do mundo? Edward Teller contemplou esse cenário já em 1942,[98] e Hans Bethe fez um rápido cálculo que parecia tranqüilizador. Antes do teste "Trinity" em 1945 da primeira bomba atômica no Novo México, Teller e dois colegas consideraram a questão num relatório de Los Alamos.[99] Os autores se concentraram numa possível reação em cadeia do nitrogênio atmosférico, e escreveram que "o único fator inquietante é que o 'fator de segurança' decresce rapidamente com a temperatura inicial". Essa inferência levou a uma renovada preocupação nos anos 1950, porque bombas de hidrogênio (fusão) de fato geram temperaturas cada vez maiores; outro físico, Gregory Briet, revisitou o problema antes do primeiro teste da bomba H. Está agora claro que o "fator de segurança" real era na verdade muito grande. Mesmo assim, fica a dúvida de quão pequenas as estimativas contemporâneas desse fator deveriam ter sido antes que os responsáveis achassem prudente encerrar os testes com a bomba.

Agora sabemos com certeza que uma única arma nuclear, por

mais devastadora que seja, não pode desencadear uma reação nuclear em cadeia com capacidade de destruir por completo a Terra ou sua atmosfera. (Os arsenais inteiros dos Estados Unidos e da Rússia, se fossem acionados, poderiam no entanto ter um efeito tão avassalador quanto qualquer desastre natural que poderia ser esperado nos próximos 100 mil anos.) Mas alguns experimentos de física desenvolvidos por razões de pura indagação científica poderiam supostamente — ou pelo menos alguns afirmam — representar uma ameaça mundial, até mesmo cósmica. Esses experimentos fornecem um interessante "estudo de caso" sobre quem deveria decidir (e como) sancionar ou não um experimento com um "porém" catastrófico que é muito improvável mas não de todo inconcebível, sobretudo quando os principais especialistas podem não ter confiança suficiente em suas teorias para oferecer o nível convincente de tranqüilização que o público poderia esperar.

A maior parte dos físicos (e me incluo entre eles) classificaria essas ameaças como muito, muito improváveis. Mas é importante deixar claro o que tal avaliação realmente significa. Há dois significados distintos de probabilidade. O primeiro, que leva a uma estimativa firme e objetiva, se aplica quando o mecanismo subjacente é bem compreendido, ou quando o evento sob estudo aconteceu muitas vezes no passado. Por exemplo, é fácil perceber que, quando uma moeda não viciada é jogada dez vezes, a chance de se obterem dez caras é um pouco menor do que uma em mil; e a chance de se pegar sarampo durante uma epidemia pode também ser quantificada, porque, mesmo que não entendamos todos os detalhes biológicos da transmissão viral, dispomos de dados sobre muitas epidemias anteriores. Há, entretanto, um segundo tipo de probabilidade que não reflete mais do que um palpite consciente que pode vir a mudar quando aprendermos mais. (As avaliações que diferentes especialistas fazem, por exemplo, das conseqüências do aquecimento global são estimativas de "verossimilhança subjetiva" de tipo similar.) Numa investigação criminal, a polícia pode dizer que "parece muito provável" ou "é muito improvável" que um corpo esteja enterrado em determinado local. Mas isso reflete somente as probabilidades de aposta que eles forneceriam à luz da evidência disponível. Maiores escavações revelarão que o corpo está ou não está ali, e a probabilidade dali em diante será um ou zero. Quando físicos contemplam um evento que nunca aconteceu antes, ou um processo que é mal compreendido, qualquer avaliação que possam oferecer se parece com esse segundo tipo de probabilidade: é um palpite consciente, sustentado (com freqüência muito fortemente) por teorias bem estabelecidas, contudo ainda assim abertas a revisão à luz de nova evidência ou inspiração.

NOSSO EXPERIMENTO "FINAL"?

Os físicos têm por objetivo compreender as partículas de que o mundo é feito, assim como as forças que as governam. Eles são loucos para explorar as energias, pressões e temperaturas mais extremas; para esse propósito, constroem máquinas imensas e elaboradas: aceleradores de partículas. A forma ideal de produzir uma intensa concentração de energia é acelerar átomos a velocidades enormes, perto daquela da luz, e chocá-los entre si. O melhor de tudo é usar átomos muito pesados. Um átomo de ouro, por exemplo, contém quase duzentas vezes a massa de um átomo de hidrogênio. Seu núcleo contém 79 prótons e 118 nêutrons. Um núcleo de chumbo é ainda mais pesado, com 82 prótons e 125 nêutrons. Quando dois desses átomos colidem um contra o outro, os prótons e os nêutrons que os constituem implodem a uma densidade e a uma pressão muito mais altas do que eles tinham quando estavam dispostos em um núcleo normal de ouro ou de chumbo.

Eles podem, desse modo, quebrar-se em partículas ainda menores. De acordo com a teoria, cada próton e cada nêutron consistem de três quarks, então o "espirro" resultante libera mais de mil quarks. Tais colisões atômicas ultra-rápidas na verdade replicam, em microcosmo, aquelas que prevaleceram no primeiro microssegundo após o "Big Bang", quando toda a matéria no universo foi esmagada em algo chamado plasma quark-glúon.

Alguns físicos levantam a possibilidade de que esses experimentos poderiam fazer algo muito pior do que estraçalhar alguns átomos, como destruir a nossa Terra ou mesmo o nosso universo inteiro. Tal evento é o tema de *COSM*,[100] romance de Greg Benford em que um experimento no laboratório Brookhaven devasta o acelerador e cria um novo "microuniverso" (que permanece, felizmente, encapsulado dentro de uma esfera pequena o suficiente para ser carregada de um lado para o outro pelo pós-graduando que o criou).

Um experimento que gera uma concentração sem precedentes de energia poderia — seria possível, mas altamente implausível — acionar três possibilidades bem diferentes de desastre.

Talvez se formasse um buraco negro, que então sugaria para dentro tudo o que houvesse em torno dele. Segundo a teoria da relatividade de Einstein, a energia necessária para fazer até o menor dos buracos negros excederia de longe o que essas colisões poderiam gerar. Algumas novas teorias, no entanto, invocam outras dimensões espaciais além das nossas três costumeiras;[101] uma conseqüência seria reforçar a atração da gravidade, tornando menos difícil do que pensávamos a implosão de um pequeno objeto em um buraco negro. Mas as mesmas teorias sugerem que tais buracos, não obstante, seriam inócuos, porque se erodiriam quase instantaneamente, em vez de arrastar para dentro mais coisas de seus arredores.

A segunda possibilidade assustadora é que os quarks poderiam voltar a reunir-se num objeto muito comprimido chamado strangelet. Isso em si seria inofensivo: o strangelet seria muito menor do que um único átomo. Porém, o perigo é que um strangelet poderia, por contágio, converter qualquer outra coisa que encontrasse numa nova forma estranha de matéria. No romance de Kurt Vonnegut, *Cat's Cradle* [Cama de gato],[102] um cientista do Pentágono produz uma nova forma de gelo, "gelo nove", que é sólido em temperaturas comuns; quando escapa do laboratório, isso "infecta" a água natural, e até os oceanos se solidificam. Da mesma forma, um desastre hipotético com strangelets poderia transformar toda a Terra numa esfera inerte hiperdensa de cerca de cem metros de largura.

O terceiro risco dos experimentos de colisão é ainda mais exótico, e potencialmente o mais desastroso de todos: uma catástrofe que engula o próprio espaço. Espaço vazio — o que os físicos chamam de "o vácuo" — é mais do que um nada. É a arena para tudo o que acontece: ele tem, latentes, todas as forças e partículas que governam nosso mundo físico. Alguns físicos suspeitam que o espaço pode existir em "fases" diferentes, assim como a água pode existir em três formas: gelo, líquido e vapor. Além do mais, o vácuo atual pode ser frágil e instável. A analogia aqui é com a água "super-resfriada". Quando muito pura e parada, a água pode esfriar abaixo de seu ponto normal de congelamento; no entanto, basta uma pequena perturbação localizada — por exemplo, um grão de poeira caindo nela — para desencadear a conversão de água super-resfriada em gelo. Igualmente, alguns especularam que a energia concentrada criada com o choque de partículas poderia acionar uma "transição de fase" que rasgaria o próprio tecido do espaço. A fronteira do novo estilo de vácuo se disseminaria como uma bolha em expansão. Nessa bolha, átomos não poderiam existir: seria "o pano que cai" para nós, para a Terra, e até para o cosmos mais amplo; ao fim, a galáxia inteira, e além dela, seria engolida. E nunca veríamos esse desastre chegar. A "bolha" de novo vácuo avança com a rapidez da luz e nenhum sinal poderia nos avisar de nosso destino. Seria uma calamidade cósmica, não só terrestre.

Tais cenários podem parecer bizarros, mas os físicos os discutem com seriedade. As teorias mais favorecidas são tranqüilizadoras: elas sugerem que o risco é zero. Mas não podemos estar 100% certos sobre o que poderia com efeito acontecer. Os físicos podem imaginar teorias alternativas (e até escrever equações) condizentes com tudo o que sabemos, razão pela qual não podem ser definitivamente descartadas, porém isso permitiria que uma ou outra dessas catástrofes acontecesse. As teorias alternativas podem não estar na linha de frente, mas será que são tão inacreditáveis que não precisamos nos preocupar com elas?

Já em 1983, os físicos estavam se interessando por experimentos de alta energia desse tipo. Em visita ao Instituto para Estudo Avançado em Princeton, discuti essas questões com um colega holandês, Piet Hut, que também estava visitando Princeton e em seguida se tornou professor lá. (O estilo acadêmico desse instituto, onde Freeman Dyson é professor há muito tempo, estimula idéias originais e especulações.) Eu e Hut[103] percebemos que uma forma de conferir se um experimento é seguro seria ver se a natureza já o fez para nós. Aconteceu de colisões similares àquelas em planejamento pelos experimentadores de 1983 serem de ocorrência comum no universo. O cosmos inteiro é permeado por partículas conhecidas como raios cósmicos que se lançam pelo espaço quase à velocidade da luz; essas partículas com freqüência se chocam contra outros núcleos atômicos no espaço, com violência até maior do que poderia ser atingida em qualquer experimento atualmente viável. Eu e Hut concluímos que o espaço vazio não pode ser frágil a ponto de ser rasgado por qualquer coisa feita pelos físicos em seus experimentos com aceleradores. Se assim fosse, o universo não teria durado o suficiente para que estivéssemos aqui. No entanto, se esses aceleradores se tornassem cem vezes mais potentes — algo que limitações financeiras ainda impedem, mas que pode ser possível se novos projetos inteligentes forem desenvolvidos —, então tais preocupações ressuscitariam, a não ser que nesse meio-tempo nossa compreensão tenha avançado o suficiente para permitir que façamos previsões mais seguras e mais tranqüilizadoras em bases somente teóricas.

Os velhos medos voltaram à tona mais recentemente quando o Brookhaven National Laboratory nos Estados Unidos e o laboratório Cern em Genebra anunciaram seus planos de chocar átomos uns contra os outros com ainda mais força do que fora feito antes. O diretor do Brookhaven Laboratory na época, John Marburger (agora conselheiro científico do presidente Bush), pediu que um grupo de especialistas estudasse o assunto.[104] Eles fizeram um cálculo semelhante ao obtido por mim e por Hut e garantiram que não havia ameaça de um Juízo Final cósmico desencadeado por um rasgão no tecido do espaço.

Mas os físicos não puderam ser tão tranqüilizadores sobre o risco dos strangelets. Colisões com a mesma energia com certeza ocorrem no cosmos, mas sob condições que diferem em aspectos relevantes daquelas dos experimentos terrestres planejados; essas diferenças poderiam alterar a possibilidade de um processo descontrolado.

A maior parte das colisões cósmicas "naturais" se dá no espaço interestelar, num ambiente tão rarefeito que, mesmo que produzissem um strangelet, seria pouco provável que ele encontrasse um terceiro núcleo, então não haveria chance de um processo do tipo bola-de-neve. Colisões com a Terra também diferem essencialmente daquelas em aceleradores porque os núcleos que chegam são parados pela atmosfera, que não contém átomos pesados como o chumbo e o ouro.

Alguns núcleos de movimento rápido, porém, batem direto na superfície sólida da Lua, que não contém esses átomos. Tais impactos ocorreram ao longo de toda a sua história. Mas a Lua ainda está lá, e os autores do relatório do Brookhaven proferiram esse fato incontestável como garantia de que o experimento proposto não poderia acabar conosco. Só que mesmo esses impactos diferem de uma forma talvez importante daqueles que ocorreriam no acelerador do Brookhaven. Quando uma partícula rápida se choca contra a superfície da Lua, ela bate num núcleo que está quase em repouso e lhe dá um "chute" ou um coice. Os strangelets resultantes, produzidos como detritos na colisão, repartiriam o movimento de coice e, como conseqüência, seriam lançados através da matéria lunar. Em contraste, os experimentos de acelerador envolvem colisões simétricas, em que duas partículas se aproximam uma da outra "de frente". Então não há coice: os strangelets não têm movimento líquido e poderiam, por isso, ter maior chance de agarrar matéria ambiente.

Dado que o experimento geraria condições que nunca aconteceram naturalmente, a única garantia provinha de dois argumentos teóricos. Primeiro, mesmo se os strangelets pudessem existir, os teóricos achavam improvável que eles se formassem nessas colisões violentas: parecia mais provável que os dejetos se dispersassem após a colisão, em vez de reagrupar-se num único aglomerado. Segundo, se os strangelets se formassem, os teóricos esperariam que tivessem uma carga elétrica positiva. Por outro lado, para desencadear um crescimento em cadeia, sua carga teria que ser negativa (para que pudessem atrair, em vez de repelir, núcleos atômicos com carga positiva em seus arredores).

Os melhores palpites teóricos são, portanto, tranqüilizadores. Sheldon Glashow, um teórico, e Richard Wilson, um especialista em energia e em questões ambientais, sucintamente resumiram assim a situação:

> Se os strangelets existem (o que é concebível), se eles formam aglomerados razoavelmente estáveis (o que é improvável), se eles têm

carga negativa (embora a teoria favoreça fortemente cargas positivas), e se minúsculos strangelets podem ser criados no Colididor Relativístico de Íons Pesados [do Brookhaven] (o que é extremamente improvável), então talvez pudesse haver aí um problema. Um strangelet recém-nascido poderia engolir núcleos atômicos, crescendo de modo inexorável e ao fim consumindo a Terra inteira. A palavra "improvável", não importa quantas vezes seja repetida, simplesmente não basta para mitigar nossos temores desse desastre total.[105]

QUE RISCOS SÃO ACEITÁVEIS?

Os experimentos com acelerador não me tiraram o sono. Na verdade, não sei de nenhum físico que tenha deixado escapar a menor ansiedade sobre eles. No entanto, essas atitudes são pouco mais do que avaliações subjetivas, com base em algum conhecimento da ciência relevante. Os argumentos teóricos dependem de probabilidades e não de certezas, como Glashow e Wilson deixam bem claro. Não há evidência de que as mesmas condições tenham alguma vez ocorrido naturalmente. É impossível ter certeza absoluta de que strangelets não poderiam levar a um desastre do tipo bola-de-neve.

O relatório do Brookhaven (e um esforço paralelo empreendido por cientistas do maior acelerador europeu, Cern, em Genebra)[106] foi apresentado como tranqüilizador. Porém, mesmo se aceitássemos completamente seu raciocínio, o nível de confiança proporcionado não parece suficiente. Eles estimaram que, se o experimento fosse realizado durante dez anos, o risco de uma catástrofe não seria mais de um em 50 milhões. Tal probabilidade poderia parecer impressionante: uma chance de desastre menor do que a chance de ganhar a loteria nacional do Reino Unido com um único bilhete, que é cerca de uma em 14 milhões. Mas, se o porém é a destruição da população mundial e o benefício é apenas para a ciência "pura", isso não basta. A forma natural de medir a severidade de uma ameaça é multiplicar sua probabilidade pelo número de pessoas em perigo, para calcular o "número esperado" de mortes. A população inteira do mundo estaria em perigo, então os especialistas estavam nos dizendo que o número esperado de mortes humanas (nesse sentido técnico de "esperado") poderia chegar a 120 (o número obtido quando se considera a população do mundo em 6 bilhões e a divide por 50 milhões).

Obviamente, ninguém argumentaria a favor de fazer um experimento de física sabendo que seu "desdobramento" poderia matar até 120 pessoas. Isso não é, obviamente, o que nos disseram neste caso: foi-nos dito que poderia haver até uma chance em 50 milhões de matar 6 bilhões de pessoas. Será que essa perspectiva é mais aceitável? A maior parte de nós, acho eu, continuaria desconfortável. Somos mais tolerantes com riscos aos quais nos expomos de livre e espontânea vontade, ou se identificamos algum benefício que compense. Nenhuma dessas condições cabe aqui (exceto para aqueles físicos que estão realmente interessados no que poderia ser aprendido do experimento).

Meu colega de Cambridge Adrian Kent enfatizou um segundo fator: o caráter definitivo e completo da extinção que esse cenário acarretaria. Ela nos privaria da expectativa — importante para a maior parte de nós — de que algum legado biológico ou cultural sobrevivesse a nossas mortes; acabaria com a esperança de que nossas vidas e nossos trabalhos possam ser parte de algum processo com continuidade. Ainda pior, impediria a existência de um número total (talvez muito maior) de pessoas em gerações futuras. Eliminar toda a gente do mundo (e destruir não só humanos, mas a biosfera inteira) poderia ser considerado muito mais do que 6 bilhões de vezes pior do que a morte de uma pessoa. Então talvez devêssemos determinar um limite ainda mais rigoroso no risco possível antes de sancionar tais experimentos.

Filósofos há muito debatem como equilibrar os direitos e os interesses de "pessoas potenciais", que poderiam ter alguma existência futura, contra aqueles das pessoas que de fato existem. Para alguns, como Schopenhauer, a eliminação indolor do mundo não seria um mal de todo. Mas a maior parte de nós estaria mais sintonizada com a resposta de Jonathan Schell:

> Ao mesmo tempo que é verdade que a extinção não pode ser sentida por aqueles que a têm como destino — os não-nascidos, que poderiam permanecer não-nascidos —, o mesmo não pode ser dito, é claro, para a alternativa à extinção, a sobrevivência. Se privarmos os não-nascidos da vida, eles nunca terão a chance de lamentar sua sina, mas se os deixarmos entrar na vida eles terão oportunidade de sobra para regozijar-se de ter nascido em vez de, antes de seu nascimento, ter sido privados por nós da existência. O que devemos desejar acima de tudo é que gente nasça, para seu próprio bem e não por qualquer outra razão. Qualquer outra coisa — nosso desejo de servir as gerações futuras preparando um mundo decente no qual possam viver, e nosso desejo de levarmos nós mesmos uma vida decente num mundo comum assegurado pela proteção das gerações futuras — decorre desse compromisso. A vida vem em primeiro lugar, o resto é secundário.[107]

QUEM DEVERIA DECIDIR?

Nenhuma decisão de seguir adiante com um experimento que envolva uma possibilidade de "Juízo Final" deveria ser tomada a não ser que o público em geral (ou um grupo representativo dele) esteja satisfeito com a contingência de o risco estar aquém do que coletivamente é visto como um limite aceitável. Os teóricos neste episódio parecem ter buscado tranqüilizar o público sobre uma preocupação que eles consideravam pouco razoável, em vez de fazer uma análise objetiva. O público tem direito a salvaguardas mais efetivas do que esta. Não basta fazer uma estimativa "nas coxas" mesmo que seja sobre o mais minúsculo risco de destruir o mundo.

Francesco Calogero é um dos poucos a considerar a questão com ponderação. Ele é um físico, e também um ativista de longa data para o controle de armas, além de ex-secretário-geral das conferências Pugwash. Calogero exprime sua preocupação da seguinte maneira:

> Estou de certa forma perturbado com o que creio ser a falta de franqueza em discutir esses assuntos... Muitos, na verdade a maioria [daqueles com quem conversei em particular e troquei mensagens], parece mais preocupada com o impacto de relações públicas daquilo que eles próprios ou outros dizem ou escrevem do que em garantir que os fatos sejam apresentados com completa objetividade científica.[108]

Como deveria a sociedade defender-se contra o fato de ser exposta sem saber a um risco quase-zero de um evento com um senão quase infinito? Calogero sugere que nenhum experimento que possa de alguma forma conter tais riscos deveria ser aprovado sem um exercício prévio, de um tipo conhecido de análises de riscos em outros contextos, envolvendo uma "Equipe Vermelha" de especialistas (que não incluiria ninguém do grupo que propôs o experimento) que faria as vezes de advogado do diabo, tentando pensar no pior que pudesse acontecer, e uma "Equipe Azul" que tentaria pensar em antídotos ou contra-argumentos.

Quando o propósito é explorar condições nas quais a física é "extrema" e muito mal conhecida, é difícil pôr qualquer coisa de lado completamente. É possível ter certeza suficiente de nosso raciocínio para oferecer tranqüilização com nível de confiança de 1 milhão, 1 bilhão ou até mesmo 1 trilhão para um? Argumentos teóricos raramente podem fornecer consolo adequado a esse nível: eles nunca podem ser mais sólidos do que os pressupostos nos quais se baseiam, e somente teóricos dotados de uma superconfiança irrefletida apostariam chances de 1 bilhão em um na validade de suas suposições.

Mesmo se um número verossímil pudesse ser atribuído à probabilidade de um resultado catastrófico, a questão permanece: quão baixo deveria ser o risco suposto antes que pudéssemos dar nosso consentimento esclarecido a esses experimentos? Não há benefício específico de compensação para o resto de nós, então o nível seria certamente mais baixo do que os experimentadores poderiam aceitar de bom grado para si. (Seria também muito mais baixo do que o risco de devastação nuclear que os cidadãos poderiam ter aceitado durante a Guerra Fria, com base em sua avaliação pessoal do que estava em jogo.[109]) Alguns argumentariam que uma chance em 50 milhões é baixa o suficiente, porque está abaixo da chance de que no próximo ano um asteróide grande o bastante para causar a devastação global atinja a Terra. (Isso é como argumentar que o efeito carcinogênico adicional de radiação artificial é aceitável se não faz mais do que dobrar o risco de radiação natural.) Mas mesmo esse limite não parece rigoroso o suficiente. Podemos nos resignar a um risco natural (como asteróides ou poluentes naturais) sobre o qual não podemos fazer muito, todavia isso não quer dizer que deveríamos consentir em um risco adicional evitável de igual magnitude. Na verdade, sempre que possível são feitos esforços para reduzir os riscos muito abaixo daquele nível. É por isso, por exemplo, que vale a pena algum esforço para melhorar o risco de impacto de um asteróide.

As normas governamentais do Reino Unido sobre riscos de radiação consideram inaceitável que mesmo o limitado grupo de trabalhadores em uma usina nuclear arrisque mais do que uma chance em 100 mil por ano de morrer devido a efeitos de exposição a radiação. Se esse critério avesso ao risco fosse aplicado ao experimento do acelerador, considerando a população mundial em perigo mas aceitando um número máximo de mortes igualmente rigoroso, exigiríamos uma garantia de que a chance de catástrofe fosse abaixo de uma em mil trilhões (10^{-15}). Se o mesmo peso fosse atribuído à vida de todas as pessoas potenciais que possam algum dia existir — uma posição filosoficamente controversa, é claro —, então seria possível argumentar que o risco tolerável seria até 1 milhão de vezes mais baixo.

O CUSTO OCULTO DE DIZER NÃO

Isso leva a um dilema. A política de precaução mais extrema proibiria qualquer experimento que criasse condições artificiais novas (a menos que soubéssemos que as mesmas condições já houvessem sido criadas naturalmente em algum lugar). Mas isso travaria a ciência por completo. Decerto que a produção de um novo tipo de material — um novo produto químico, por exemplo — não deveria ser banida: temos a certeza esmagadora de que, em tal caso, entendemos os princípios básicos. Mas, assim que chegarmos ao limite do perigo, quando a criação resulta, digamos, num novo patógeno, então talvez devêssemos dar uma parada. E experimentos de física em energias extremamente altas quebram núcleos atômicos em componentes que não são bem compreendidos, então, mais uma vez, talvez devêssemos dar uma parada aqui também.

Há uma penumbra nos casos em que, se tivéssemos que voltar atrás, seria necessária alguma precaução. Por exemplo, geladeiras em laboratórios científicos normalmente usam hélio líquido para criar temperaturas dentro de uma fração de grau do zero absoluto (-273 graus centígrados). Nenhum lugar da natureza — nem na Terra, nem (acreditamos) em outro lugar do universo — é tão frio: tudo é aquecido a quase três graus acima do zero absoluto pelas fracas microondas que constituem vestígios do início denso e quente do universo, o crepúsculo da criação. O dr. Peter Michelson, da Universidade de Stanford, construiu um detector para ondas cósmicas gravitacionais, as leves ondulações na estrutura do próprio espaço que, de acordo com as previsões dos astrônomos, deveriam ser geradas por explosões cósmicas. Esse instrumento consistia de uma barra de metal pesando mais de uma tonelada, resfriada quase a zero absoluto a fim de reduzir as vibrações de calor. Ele a descreveu como "o grande objeto mais frio do universo, não só da Terra". É bem possível que todo esse orgulho tenha sido exato (a não ser que extraterrestres tenham feito experimentos similares).

Deveríamos realmente ter nos preocupado quando a primeira geladeira de hélio líquido foi ligada? Acho que sim. É verdade que não havia teorias na época que apontassem para a existência de qualquer perigo. Mas isso pode ter sido só falta de imaginação: há algumas teorias atuais (reconhecidamente muito improváveis) que prevêem um risco genuíno, mas quando temperaturas extremamente baixas foram atingidas pela primeira vez as incertezas eram muito maiores, e com certeza os físicos não poderiam ter afirmado com confiança que a probabilidade de catástrofe era menor do que uma em 1 trilhão. Você poderia sugerir probabilidades tão extremas contra a possibilidade de que o Sol não nasça amanhã, ou de que um dado não viciado caia no seis cem vezes seguidas. Esses casos, contudo, dependem de princípios físicos e matemáticos que são facilmente compreensíveis e que são sustentados por fortes "testes de campo".

Ao decidir sancionar alguma nova manipulação em nosso ambiente, precisamos perguntar: há de fato uma compreensão profunda e firme para que possamos rejeitar uma catástrofe com um nível de confiança que nos tranqüilize? Não se pode discordar do comentário de Adrian Kent:

> Obviamente é insatisfatório que a questão do que constitui um risco aceitável de catástrofe deva ser decidida, de forma *ad hoc*, de acordo com os critérios de risco particulares daqueles que calham de ser consultados — aqueles critérios, mesmo que sinceros e construídos com ponderação, podem não ser representativos da opinião geral.[110]

Procedimentos sem objetivo específico além de proporcionar maior compreensão da natureza e satisfazer nossa curiosidade deveriam ser submetidos a exigências de segurança muito rigorosas. Mas poderíamos concordar que decisões mais arriscadas fossem tomadas em nosso nome se houvesse algum benefício em compensação, sobretudo se for grande e urgente. Por exemplo, abreviar a Segunda Guerra Mundial quase com certeza estava na mente de Hans Bethe e Edward Teller quando eles calcularam se a primeira bomba atômica incineraria a atmosfera inteira. Com tanto em jogo, eles poderiam com propriedade ter seguido adiante mesmo sem o nível de segurança ultra-alto que esperaríamos antes de sancionar um experimento acadêmico em tempos de paz.

Os experimentos com acelerador destacam um dilema com o qual nos confrontaremos cada vez com mais freqüência em outras ciências: a quem cabe decidir (e como) se um novo experimento deve ir adiante se um resultado desastroso é concebível mas visto como muito, muito improvável? Eles fornecem um "caso-teste" interessante que nos força a nos concentrar — num contexto muito mais extremo do que qualquer experimento biológico —

em como avaliar situações assimétricas quando o resultado será provavelmente muito útil e positivo, mas cercado pela possibilidade (ainda que muito improvável) de ser absolutamente desastroso. O episódio australiano da varíola murina, que já discuti, mostrou num microcosmo o que poderia acontecer se, mesmo involuntariamente, um patógeno perigoso fosse criado e solto. Mais adiante no século, micromáquinas não biológicas podem ser tão potencialmente perigosas quanto vírus à solta, e uma derradeira "situação de gosma cinzenta" à moda de Drexler pode não mais parecer ficção científica.

Mesmo o "porém" do pior experimento biológico concebível nunca poderia ser tão mau quanto o experimento do acelerador, visto que a Terra inteira não estaria em perigo. Mas nos campos da biologia e da nanotecnologia — em contraste com aqueles que usam imensos aceleradores de partículas —, os experimentos são menores em escala, portanto é provável que sejam feitos em quantidades muito maiores, e com variedade muito maior. Precisamos de garantias de que nem sequer um deles saia desastrosamente errado. Se 1 milhão de experimentos fossem ser desenvolvidos em separado — 1 milhão de chances de desastre —, então o risco tolerável para cada um deles seria muito mais baixo do que para um experimento levado a cabo "de uma vez". Quantificar essas considerações num número real exigiria uma estimativa do benefício provável. Riscos maiores seriam aceitos em experimentos que fossem essenciais a um programa que pudesse manifestamente salvar milhões de vidas. Os riscos impostos pela ciência são às vezes parceiros necessários do progresso: se não aceitamos algum risco, podemos abrir mão de grandes benefícios.

Uma linha específica de argumentação é usada na avaliação de risco, com resultados que são muitas vezes indevidamente otimistas. Um acidente de peso, por exemplo a destruição de um avião ou de uma nave espacial, pode ocorrer de inúmeras formas diferentes, cada uma das quais requerendo uma série completa de contratempos (por exemplo, a falha combinada ou sucessiva de vários componentes). O padrão de riscos pode ser expresso como uma "árvore de falhas"; as probabilidades contrárias a cada um são combinadas, assim como se multiplicam as chances ao apostar numa combinação de vencedores numa corrida de cavalos (embora a aritmética seja um pouco mais complicada porque pode haver vários tipos diferentes de falha, e os contratempos podem ser correlacionados de uma maneira como os resultados de corridas distintas de cavalos não são). Tais cálculos podem ignorar alguns tipos de falhas cruciais, e portanto fornecer uma falsa sensação de tranqüilidade. O ônibus espacial era considerado seguro o bastante, de forma que o risco para sua tripulação seria menos de um em mil. Mas a explosão de 1986 aconteceu durante seu 25º vôo (e o décimo vôo do veículo de lançamento *Challenger*). Em retrospecto, chances de um em 25 teriam sido um chute melhor. Igualmente, é preciso atentar para as estimativas dadas para vários tipos de percalços com usinas nucleares, que são calculadas de modo semelhante.

Para ajustar um risco minúsculo para a Terra inteira, multiplicamos uma probabilidade muito pequena por um número colossal, análogo aos eventos mais extremos de impacto de asteróides na escala Torino. A probabilidade nunca é realmente zero porque nosso conhecimento fundamental de física básica é incompleto; mas, ainda que ela fosse de fato muito pequena, quando multiplicada por um risco colossal, o produto poderia ser grande o suficiente para causar preocupações.

Quando um aspecto negativo potencialmente catastrófico é concebível — não só em experimentos com aceleradores, como também na genética, na robótica e na nanotecnologia —, será possível que cientistas dêem a garantia ultraconfiante que o público pode exigir? Quais deveriam ser as diretrizes de tais experimentos, e quem deveria formulá-las? Acima de tudo, mesmo que haja concordância sobre as diretrizes, como elas podem ser implementadas? À medida que o poder da ciência cresce, esses riscos se tornarão, acredito, mais variados e difusos. A despeito de que cada risco seja pequeno, eles poderiam chegar a um perigo cumulativo substancial.

10. Os filósofos do Juízo Final

SERÁ O PURO PENSAMENTO CAPAZ DE NOS DIZER SE OS ANOS DA HUMANIDADE ESTÃO CONTADOS?

Algumas vezes os filósofos fazem uso de argumentos engenhosos que podem parecer decisivos para uns, mas um mero jogo de palavras para outros, ou uma prestidigitação intelectual, embora não seja fácil detectar a falha. Há um argumento filosófico moderno segundo o qual o futuro da humanidade é desolador, que pode parecer pertencer a essa categoria dúbia, mas que (com reservas) resistiu a uma boa dose de escrutínio. O argumento foi inventado por meu amigo e colega Brandon Carter,[111] um pioneiro no uso do que se costuma chamar em ciência de princípio antrópico, a idéia de que as leis que governam o universo devem ter sido bem especiais para que a vida e a complexidade tenham emergido. Ele inicialmente apresentou esse argumento, para assombro de sua audiência acadêmica, numa conferência organizada pela Royal Society de Londres em 1983. A idéia na verdade não passava de uma reflexão numa palestra que discutia a probabilidade de que a vida viria a evoluir em planetas que orbitam outras estrelas. Ela levou Carter a concluir que a vida inteligente era rara em outras partes do universo, e que, a despeito de que o Sol iria continuar a brilhar por bilhões de anos, o futuro a longo prazo da vida era desolador.

Esse "argumento do Juízo Final"[112] depende de um tipo de "princípio copernicano" ou "princípio de mediocridade" aplicado à nossa posição no tempo. Desde Copérnico, negamos a nós mesmos uma posição central no universo. Da mesma forma, segundo Carter, não deveríamos pressupor que estamos vivendo um momento especial na história da humanidade, nem entre os primeiros nem entre os últimos de nossa espécie. Considere nosso lugar na "lista de chamada" do *Homo sapiens*. Conhecemos nosso lugar apenas grosseiramente: a maior parte das estimativas sugere que o número de seres humanos que nos precederam gira em torno de 60 bilhões, então nosso número na lista de chamada está perto disso. Uma conseqüência desse dado é que 10% das pessoas que já viveram estão vivas hoje. À primeira vista, parece uma proporção extraordinariamente alta, dado que a humanidade remonta a milhares de gerações. Contudo, é provável que, pela maior parte da história humana — toda a era pré-agrícola antes (talvez) de 8000 a.C. —, houvesse menos de 10 milhões de pessoas no mundo. Nos tempos romanos, a população mundial estava perto dos 300 milhões, e somente no século XIX é que ela passou de 1 bilhão. Os mortos são mais numerosos do que os vivos, porém somente por um fator de 10.

Agora considere dois cenários diferentes para o futuro da humanidade: um "pessimista", em que nossa espécie definha daqui a um ou dois séculos (ou, se sobrevive mais do que isso, tem uma população muito reduzida), de maneira que o número total de humanos que terão existido é 100 bilhões; e um cenário "otimista", em que a humanidade sobrevive por muitos milênios com pelo menos a população atual (ou talvez chegue a espalhar-se muito além da Terra com uma população cada vez maior), de modo que trilhões de pessoas estejam destinadas a nascer no futuro. Brandon Carter defende que o "princípio da mediocridade" deveria nos levar a apostar no cenário "pessimista". Nosso lugar na lista de chamada (mais ou menos no meio) é completamente previsível e típico, enquanto no cenário "otimista", em que uma população numerosa persiste no futuro, aqueles que vivem no século XXI estariam no princípio da lista de chamada da humanidade.

Uma simples analogia demonstra a essência do argumento. Suponha que lhe mostrem duas urnas idênticas: você é informado de que uma contém só dez bilhetes, numerados de 1 a 10, e que a outra contém mil bilhetes, numerados de 1 a 1000. Suponha que você escolha uma das urnas, tire um bilhete e veja que tirou o número 6. Com certeza você concluiria que o mais provável é que o número sorteado tivesse sido retirado da urna que continha dez bilhetes: seria muito surpreendente tirar um número pequeno como 6 da urna com mil bilhetes. De fato, se você tivesse probabilidades iguais, *a priori*, de escolher qualquer uma das urnas, um simples argumento de probabilidade mostra que, tendo tirado o número 6, as chances são agora de cem para um de que você tenha na verdade optado pela urna contendo apenas dez bilhetes.

Carter defende, na mesma linha do caso das duas urnas, que nosso lugar conhecido na lista de chamada dos humanos (cerca de 60 bilhões de seres humanos nos precederam) inclina o argumento a favor da hipótese de que haverá somente 100 bilhões de humanos, e desfavoreceria a suposição alternativa de que haverá mais de 100 trilhões. Então o argumento sugere que a população do mundo não pode continuar por muitas gerações em seu nível atual; ela deve diminuir gradualmente, e ser sustentada num nível bem mais baixo do que no presente, ou uma catástrofe vai acabar com nossa espécie dentro de poucas gerações.

Um argumento ainda mais simples foi usado por Richard Gott,[113] professor na Universidade de Princeton com um histórico de trinta anos de idéias malucas mas originais sobre locomoção mais rápida do que a luz, máquinas do tempo e afins. Se dermos com algum objeto ou fenômeno, é pouco provável que o façamos tão perto do início de sua vida, nem muito perto de seu fim. Logo, é justo pressupor que algo que já seja antigo durará por muito tempo no futuro, e não se deveria esperar que algo de origem recente fosse tão durável. Gott relembra, por exemplo, que em 1970 ele visitou o muro de Berlim (então com doze anos de idade) e as pirâmides (com mais de 4 mil anos de idade); seu argumento teria previsto (corretamente) que o mais provável era que as pirâmides ainda estariam de pé no século XXI; mas não seria surpreendente se o mesmo não ocorresse com o muro de Berlim (e, é claro, ele já se foi).

Gott chegou a mostrar como o argumento se aplicava a espetáculos da Broadway. Ele fez uma lista de todas as peças e musicais em cartaz na Broadway num dia específico (27 de maio de 1993) e descobriu quanto tempo fazia que cada um deles estava sendo apresentado. Com base nisso, Gott previu que aqueles que estavam em cartaz havia mais tempo sobreviveriam a um futuro mais distante. *Cats* estava em cartaz havia 10,6 anos, e continuou por outros sete anos. A maior parte dos demais, em cartaz havia menos de um mês, foi encerrada em poucas semanas.

É evidente que a maioria de nós poderia ter feito todas as previsões de Gott sem empregar sua linha de argumentação, a partir de nossa familiaridade com história básica, com a robustez e a durabilidade gerais de artefatos de tipos diferentes, e assim por diante. Também sabemos alguma coisa sobre os gostos dos norte-americanos e a economia do teatro. Quanto mais informação de fundo tivermos, mais confiantes podem ser nossas previsões. Mas mesmo um alienígena recém-chegado, desprovido desse conhecimento, que não soubesse nada exceto o tempo de existência dos vários fenômenos, poderia usar o argumento de Gott para fazer algumas previsões cruas mas corretas. E é claro que a duração futura da humanidade é algo a respeito do que somos tão ignorantes quanto qualquer marciano seria sobre a sociologia de espetáculos da Broadway. Portanto, o que Gott defende, seguindo Carter, é que essa linha de raciocínio pode nos dizer algo — na verdade, algo pouco animador — sobre a longevidade provável de nossa espécie.

É óbvio que o futuro da humanidade não pode ser reduzido a um simples modelo matemático. Nosso destino depende de fatores múltiplos, acima de tudo — um tema central deste livro — de escolhas que nós mesmos fazemos durante o século presente. O filósofo canadense John Leslie segue a linha de que o argumento do Juízo Final não deixa de afetar as probabilidades: ele deveria nos tornar menos otimista sobre o futuro a longo prazo da humanidade do que seríamos de outra forma.[114] Se pensássemos, *a priori*, que fosse esmagadoramente provável a humanidade continuar por milênios com uma população elevada, então o argumento do Juízo Final reduziria a nossa confiança, embora talvez ainda acabássemos por favorecer esse cenário. Isso pode ser compreendido com a generalização do exemplo da urna. Vamos supor que, em vez de só duas urnas, houvesse milhões de urnas contendo cada uma mil bilhetes e que somente uma contivesse apenas dez. Então, se você escolhe uma urna ao acaso, ficaria surpreso em tirar um 6. No entanto, se houvesse milhões de urnas "de mil bilhetes", seria menos surpreendente ter tirado um número estranhamente baixo de uma delas do que ter escolhido a única urna com dez bilhetes. Da mesma forma, se a probabilidade a princípio favorece fortemente um futuro prolongado para a humanidade, então "ruína logo" poderia ser menos provável do que nos encontrarmos muito no início da lista de chamada da humanidade.

Leslie solucionaria assim outro enigma que pode parecer

negar toda a linha de argumentação. Suponha que tivéssemos de tomar uma decisão fatídica que determinaria se a espécie se extinguiria em breve ou, ao contrário, se ela sobreviveria quase indefinidamente. Por exemplo, poderia consistir na escolha de estimular a primeira comunidade fora da Terra que, uma vez estabelecida, geraria tantas outras que alguma delas teria a garantia de sobreviver. Se tal comunidade fosse de fato estabelecida e florescesse, nos encontraríamos neste momento no início extremo da lista de chamada. Será que o argumento do Juízo Final de algum modo nos restringe em relação à escolha que leva a um futuro humano truncado? Leslie defende que temos a liberdade de decidir, mas que a escolha que fazemos afeta a probabilidade prévia dos dois cenários.

Outra ambigüidade diz respeito a quem ou o que deveria ser levado em conta: como definimos humanidade? Se a biosfera inteira estivesse para ser eliminada em alguma catástrofe global, então não haveria dúvida sobre quando termina a lista de chamada. Mas, se nossa espécie fosse metamorfosear-se em outra coisa, isso significaria o fim da humanidade? Em caso positivo, o argumento de Carter-Gott poderia nos dizer algo diferente: poderia apoiar Kurzweil, Moravec e outros que prevêem uma "tomada de poder" por máquinas dentro deste século crucial. Ou vamos supor que há outros seres em outros mundos. Nesse caso, talvez todos os seres inteligentes, não só humanos, deveriam estar na "classe de referência". Não há uma forma clara de ordenar a lista de chamada, e o argumento cai por terra. (Gott e Leslie usaram um raciocínio semelhante para argumentar contra a existência de outros mundos com populações muito mais avançadas do que nós. Se houvesse, eles afirmam, deveríamos nos surpreender por não estar num deles.)

Quando ouvi pela primeira vez o argumento do Juízo Final de Carter, lembrei-me do comentário peremptório de George Orwell num contexto diferente: "Você deve ser um verdadeiro intelectual para acreditar nisso — nenhuma pessoa normal seria tão tola". Porém, localizar uma falha explícita não é um exercício trivial. Vale a pena fazê-lo, no entanto, visto que nenhum de nós aceita de bom grado um novo argumento de que os dias da humanidade possam estar contados.

11. O fim da ciência?

EINSTEINS FUTUROS PODEM TRANSCENDER AS TEORIAS ATUAIS DE ESPAÇO, TEMPO E MUNDO MICRO. MAS AS CIÊNCIAS HOLÍSTICAS DE VIDA E COMPLEXIDADE PROPÕEM MISTÉRIOS QUE AS MENTES HUMANAS TALVEZ NUNCA COMPREENDAM POR COMPLETO.

Continuará a ciência a seguir adiante, trazendo novas idéias e talvez mais ameaças também? Ou a ciência do próximo século será um anticlímax após os triunfos já alcançados?

O jornalista John Horgan abraça a segunda opinião:[115] ele argumenta que já desvendamos as idéias realmente grandes. Tudo o que resta, segundo Horgan, é preencher os detalhes, ou então permitir-nos o que ele denomina "ciência irônica" — conjeturas frouxas e indisciplinadas sobre tópicos que nunca entrarão no âmbito do estudo empírico sério. Acredito que essa tese esteja fundamentalmente equivocada, e que idéias tão revolucionárias quanto qualquer uma das que foram descobertas no século XX restam a ser reveladas. Prefiro o ponto de vista de Isaac Asimov. Ele comparou a fronteira da ciência a um fractal — um padrão com camada sobre camada de estrutura, de maneira que um pedacinho minúsculo, quando ampliado, é um simulacro do todo: "Não importa quanto aprendamos, o que resta, por mais pequeno que possa parecer, é tão infinitamente complexo quanto o todo era ao princípio".[116]

Avanços do século XX quanto ao entendimento dos átomos, da vida e do cosmos estão entre os grandes feitos intelectuais coletivos da humanidade. (A ressalva "coletivos" é crucial. A ciência moderna é uma empreitada cumulativa; descobertas são feitas quando o momento é oportuno, quando as idéias-chave estão "no ar" ou quando alguma técnica nova é explorada. Os cientistas não são exatamente tão intercambiáveis quanto lâmpadas, mas há, no entanto, poucos casos em que um indivíduo tenha feito muita diferença no desenvolvimento a longo prazo da disciplina: se "A" não tivesse realizado o trabalho ou a descoberta, "B" em pouco tempo teria obtido algo similar. Essa é a forma com que a ciência normalmente se desenvolve. O trabalho de um cientista perde sua individualidade, mas é duradouro. Einstein tem um lugar de honra no panteão científico porque foi uma dessas poucas exceções: se ele não tivesse existido, suas sacadas mais profundas teriam emergido muito mais tarde, talvez por uma rota diferente ou mediante os esforços de várias pessoas em vez de uma só. Porém, as sacadas teriam ao fim sido feitas: nem mesmo Einstein deixou uma marca pessoal distintiva que o iguale àquela que é legada pelos grandes escritores ou compositores.)

Desde a era clássica grega, quando se acreditava que terra, ar, fogo e água eram as substâncias do mundo, os cientistas buscam uma visão "unificada" de todas as formas básicas da natureza, além de compreender o mistério do próprio espaço. Os cosmólogos costumam ser criticados por estarem "muitas vezes errados mas nunca em dúvida". De fato, não raro eles abraçaram especulações mal fundamentadas com fervor irracional e, levados por um otimismo cego, viram demais em coisas que não passavam de evidência vaga e tateante. Mas mesmo os mais cautelosos entre nós têm confiança de que agora entendemos pelo menos os contornos de nosso cosmos inteiro, e aprendemos de que ele é feito. Podemos traçar a história evolutiva até antes de o nosso sistema solar ter se formado, até uma época muito anterior à existência de qualquer estrela, quando tudo brotava de um quentíssimo "evento-gênese", o chamado Big Bang, cerca de 14 milhões de anos atrás. O primeiro microssegundo está encoberto por mistério, entretanto tudo o que aconteceu desde então — o surgimento de nosso complexo cosmos a partir de um início simples — é resultado de leis que podemos entender, não obstante os detalhes ainda nos escapem. Assim como os geofísicos vieram a entender o processo que fez os oceanos e esculpiu os continentes, os astrofísicos entendem nosso Sol e seus planetas, e até os outros planetas que podem orbitar estrelas distantes.

Em séculos anteriores, os navegadores mapearam os contornos dos continentes e tomaram as medidas da Terra. Nestes últimos anos apenas, o nosso mapa do cosmos, em tempo e espaço, também se firmou. Um desafio para o século XXI é refinar nossa visão atual, preenchendo-a com mais detalhes, assim como fizeram gerações de mapeadores para a Terra, e sobretudo investigar os misteriosos domínios onde os cartógrafos antigos escreveram "aqui há dragões".

PARADIGMAS EM MUDANÇA

O termo "paradigma" foi popularizado por Thomas Kuhn em seu livro clássico *A estrutura das revoluções científicas*. Um paradigma não é só uma idéia nova (se fosse, a maior parte dos cientistas poderia declarar ter mudado alguns): uma mudança de paradigma denota uma reviravolta intelectual que revela novas percepções e transforma nossa perspectiva científica. A maior mudança de paradigma do século XX foi a teoria quântica.[117] Essa teoria nos diz, contrariamente a qualquer intuição, que na escala atômica a natureza é intrinsecamente "errática". Apesar disso, os átomos se comportam de formas matemáticas precisas quando emitem e absorvem luz, ou quando se unem para formar moléculas. Cem anos atrás, a própria existência dos átomos era controversa; mas a teoria quântica agora justifica quase todos os detalhes sobre como os átomos se comportam. Como Stephen Hawking observa: "É um tributo a quão longe nós chegamos na física teórica o fato de que agora são necessárias máquinas enormes e um monte de dinheiro para fazer um experimento [em partículas subatômicas] cujo resultado não podemos prever".[118]

A teoria quântica é comprovada cada vez que você tira uma fotografia digital, navega pela internet ou usa qualquer aparelho — um aparelho de CD ou um código de barras em supermercado — que envolva laser. Só agora começamos a nos dar conta de algumas de suas espantosas conseqüências. Ela talvez permita que os computadores sejam projetados com princípios completamente novos, que poderiam superar qualquer computador "clássico", desde que a lei de Moore perdure.

Mais um novo paradigma da ciência do século XX — outro espantoso salto intelectual — é em grande parte criação de um homem, Albert Einstein: ele aprofundou nossa compreensão do espaço, do tempo e da gravidade, dando-nos uma teoria, a da relatividade geral, que governa a moção dos planetas, das estrelas e do próprio universo em expansão.[119] Essa teoria foi confirmada por um monitoramento muito preciso por radar de planetas e naves espaciais, e por estudos astronômicos de estrelas de nêutrons e buracos negros — objetos em que a gravidade é tão forte que espaço e tempo são fortemente distorcidos. A teoria de Einstein pode ter parecido arcana, mas ela pode ser comprovada sempre que um caminhão ou um avião determinam seu posicionamento pelo sistema de posicionamento global por satélite (GPS).

LIGANDO O MUITO GRANDE E O MUITO PEQUENO

Mas a teoria de Einstein é inerentemente incompleta: ela trata espaço e tempo como um contínuo regular. Se cortarmos um pedaço de metal (ou, na verdade, de qualquer material) em pedaços cada vez menores, em certo ponto chegaremos a um limite ao alcançarmos o nível quântico de átomos individuais. Da mesma forma, na escala mínima esperamos até que o espaço seja granuloso. Talvez não só o espaço, como também o próprio tempo, seja feito de *quanta* finitos em vez de "fluir" continuamente. Pode ser que haja um limite fundamental à precisão com que qualquer relógio seja capaz de subdividir o tempo. Contudo, nem a teoria de Einstein nem a teoria quântica, em suas formas presentes, podem esclarecer a microestrutura do espaço e do tempo.[120] A ciência do século XX deixou essa peça importante faltando no quebra-cabeça, como um desafio para o século XXI.[121]

A história da ciência sugere que, quando uma teoria sucumbe ou confronta um paradoxo, a resolução será um novo paradigma que transcenda o que veio antes. A teoria de Einstein e a teoria quântica não podem ser mescladas: ambas são magníficas dentro de seus limites, mas no nível mais profundo elas são contraditórias. Até que haja uma síntese, certamente não seremos capazes de atacar o assoberbante enigma do que aconteceu bem lá no início, e muito menos de atribuir qualquer significado à pergunta "O que aconteceu antes do Big Bang?". No "instante" do Big Bang, tudo foi espremido em um tamanho menor do que um único átomo, de maneira que flutuações quânticas já não podiam sacudir o universo inteiro.

Segundo a teoria das supercordas, atualmente o enfoque mais em voga para uma teoria unificada, as partículas que constituem os átomos resultam do próprio tecido do espaço.[122] As entidades fundamentais não são pontos, e sim minúsculas alças, ou "cordas", e as diversas partículas subnucleares são modos diferentes de vibração — harmonias diferentes — dessas cordas. Além disso, as cordas não estão vibrando em nosso espaço comum (com três dimensões espaciais, mais o tempo), mas num espaço de dez ou onze dimensões.

ALÉM DE NOSSO ESPAÇO E TEMPO

Vemos a nós mesmos como seres tridimensionais: podemos ir para a direita ou para a esquerda, para a frente ou para trás, subir ou descer, e é só. Então, como as outras dimensões, se é que existem, estão escondidas de nós? Pode ser que elas estejam todas embrulhadas bem juntinhas. Uma longa mangueira pode parecer uma linha (com uma única dimensão) quando vista de longe, porém de perto percebemos que é um longo cilindro (uma superfície bidimensional) bem enrolado; ainda mais de perto, percebemos que esse cilindro é feito de material que não é infinitamente estreito, mas se estende a uma terceira dimensão. Por analogia, qualquer ponto aparente em nosso espaço tridimensional, se for imensamente ampliado, pode na verdade ter uma estrutura complexa: um origami bem apertado com várias dimensões adicionais.

Algumas dessas dimensões poderiam aparecer em escala microscópica em experimentos de laboratório (embora provavelmente estejam enoveladas de um modo denso demais para isso). Ainda mais interessante, uma dimensão a mais pode não estar nem um pouco embrulhada: pode haver outro universo tridimensional "ao lado" do nosso, integrado num espaço ainda mais dimensionado. Insetos rastejando por uma grande folha de papel (seu "universo" bidimensional) podem não ter consciência de uma folha similar que esteja paralela a ela, mas não em contato. Igualmente, poderia haver outro universo inteiro (tridimensional, como o nosso) a menos de um milímetro de nós, no entanto não prestamos atenção nele porque esse milímetro é medido em uma quarta dimensão espacial, e estamos aprisionados a somente três.

Poderia ter havido muitos Big Bangs, até mesmo uma infinidade deles, não só o que gerou o "nosso" universo. Pode até mesmo ser que o alcance do nosso "universo", resultado do nosso próprio Big Bang, vá muito além dos 10 bilhões de anos-luz que nossos telescópios podem enxergar: ele pode englobar um domínio ainda mais vasto, estender-se a uma distância tão longínqua que nenhuma luz teve tempo de chegar até nós. Sempre que um buraco negro se forma, processos lá no fundo dele poderiam desencadear a criação de outro universo, que se expandiria para um espaço disjunto do nosso. Se esse novo universo fosse como o nosso, então estrelas, galáxias e buracos negros se formariam nele, e esses buracos negros, por sua vez, dariam origem a outra geração de universos, e assim por diante, talvez *ad infinitum*. Quem sabe universos pudessem ser criados num laboratório futurista,[123] pela implosão de um aglomerado de material para fazer um pequeno buraco negro, ou mesmo pela colisão de átomos carregados com energias muito altas em um acelerador de partículas. Nesse caso, os argumentos teológicos de design poderiam ser ressuscitados sob nova forma, borrando a fronteira entre o natural e o sobrenatural.

Aprendemos, desde que Copérnico destronou a Terra de sua posição central, que nosso sistema solar é só um entre bilhões ao alcance de nossos telescópios. Nossos horizontes cósmicos estão, mais uma vez, aumentando de maneira igualmente dramática: o que por tradição chamamos de nosso universo pode não passar de uma "ilha" num arquipélago infinito.

Para fazer predições científicas, é preciso acreditar que a natureza não é volúvel, e ter desvendado alguns padrões regulares. Mas esses motivos não precisam ser completamente compreendidos. Por exemplo, os babilônios, há mais de 2 mil anos, podiam prever a probabilidade de ocorrência de eclipses solares porque haviam coletado dados por séculos e descobriram padrões repetitivos na periodicidade dos eclipses (em particular, que eles seguem um ciclo de dezoito anos). Só que os babilônios não sabiam como o Sol e a Lua realmente se moviam. Foi só no século XXII — a era de Isaac Newton e Edmund Halley — que o ciclo de dezoito anos foi atribuído a uma "ginga" na órbita da Lua.

A mecânica quântica funciona maravilhosamente: a maior parte dos cientistas a utiliza quase sem pensar. Como meu colega John Polkinghorne disse: "A mecânica quântica média não é mais filosófica do que a mecânica motora média". Mas muitos cientistas ponderados que vieram depois de Einstein acharam a teoria "arrepiante" e duvidam de que tenhamos atingido a perspectiva ideal sobre ela. As interpretações acerca da teoria quântica hoje em dia podem estar num nível "primitivo", análogo ao conhecimento babilônio dos eclipses: predições úteis, porém sem conhecimento profundo.

Alguns dos paradoxos desconcertantes do mundo quântico podem ser esclarecidos por uma idéia conhecida da ficção científica: os "universos paralelos". O romance clássico de Olaf Stapledon, *Star Maker* [Fabricante de estrelas], prefigurou esse conceito. O fabricante de estrelas é um criador de universos e, numa de suas criações mais sofisticadas,

> Sempre que uma criatura se visse diante de vários cursos de ação possíveis, ela os tomava todos, dessa forma criando muitas [...] his-

tórias distintas do cosmos. Como em cada seqüência evolutiva do cosmos havia muitas criaturas e cada uma delas constantemente se via diante de muitos percursos possíveis e as combinações de todos os seus percursos eram inúmeras, uma infinidade de universos distintos se esfoliava de cada momento.

À primeira vista, o conceito de universos paralelos pode parecer muito arcano para exercer qualquer impacto prático. Mas ele pode fornecer a perspectiva de um tipo de computador inteiramente novo, o computador quântico, capaz de transcender os limites até mesmo do mais rápido processador digital, na prática dividindo a carga computacional entre uma quase infinidade de universos paralelos.

No século XX aprendemos a natureza atômica de todo o mundo material. No XXI, o desafio será entender a arena em si, investigar a natureza mais profunda do espaço e do tempo. Novas idéias deveriam esclarecer como o nosso universo começou e se ele é um entre muitos. Num nível terreno mais prático, elas podem revelar novas fontes de energia latentes no próprio espaço vazio.

Um peixe mal tem conhecimento do meio no qual vive e nada; certamente, ele não dispõe de poderes intelectuais para compreender que a água consiste em átomos interligados de hidrogênio e oxigênio, cada um feito de partículas ainda menores. A microestrutura do espaço vazio poderia, da mesma forma, ser complexa demais para que os cérebros humanos a compreendessem por conta própria. Idéias sobre dimensões adicionais, a teoria das cordas e afins atrairão animado interesse científico neste século. Aspiramos a entender nosso habitat cósmico — e, a não ser que tentemos, sem dúvida não vamos conseguir —, mas pode ser que tenhamos um pouco mais de chance do que um peixe.[124]

O tempo, como Wells e seu crononauta bem sabiam, é uma quarta dimensão. Viajar no tempo no futuro longínquo não viola nenhuma lei fundamental da física. Uma nave espacial que pudesse viajar a 99,99% da velocidade da luz poderia permitir que sua tripulação avançasse para o futuro. Um astronauta que conseguisse navegar para a órbita mais próxima possível em torno de um buraco negro em rotação rápida sem cair lá dentro poderia, num período subjetivamente curto, ver uma extensão de tempo futuro imensamente longa no universo externo. Tais aventuras podem ser irrealizáveis, mas não são impossíveis em termos físicos.

Mas e a viagem para o passado? Há mais de cinqüenta anos, o grande lógico Kurt Gödel inventou um bizarro universo hipotético, coerente com a teoria de Einstein, que permitia "alças de tempo" nas quais eventos no futuro "causam" eventos no passado, que então "causam" suas próprias causas, introduzindo inúmeras esquisitices no mundo, mas sem contradições. (O filme *O exterminador do futuro*, no qual um filho manda seu pai de volta no tempo para salvar — e inseminar — sua mãe, combina maravilhosamente as idéias da maior mente austríaco-americana, Gödel, com os talentos do maior corpo austríaco-americano, Arnold Schwarzenegger.) Vários teóricos posteriores usaram as teorias de Einstein para projetar "máquinas do tempo" que poderiam criar alças temporais. Entretanto, essas máquinas não caberiam num porão vitoriano. Algumas delas precisam ter comprimento efetivamente infinito; outras necessitam de vastas quantidades de energia. Retornar ao passado envolve o risco de mudá-lo de tal forma que a história pode se transformar em algo internamente incoerente se, por exemplo, seus pais forem impedidos de nascer. Tais enigmas não eliminam as viagens no tempo nem mesmo em princípio: eles apenas restringem o livre-arbítrio do viajante no tempo. Mas não há nada de novo nisso. A física já nos restringe: não podemos exercer nosso livre-arbítrio andando no teto. Outra opção é que viajantes no tempo pudessem passar para um universo paralelo, em que os eventos se desenrolassem de um modo diferente em vez de repetir-se, como no filme *Feitiço do tempo* [Groundhog Day].

Simplesmente ainda não temos uma teoria unificada; e universos paralelos, alças no tempo e dimensões adicionais são com certeza "grandes idéias" para a ciência do século XXI. Admitindo isso, Horgan só pode sustentar sua tese pessimista do "fim da ciência" denegrindo teorias como a "ciência irônica". Essa é provavelmente uma avaliação justa de sua posição atual, quando elas são um conjunto de idéias matemáticas, enfeitado com algo que parece ficção científica e sem compromisso com experimento ou observação. Mas a esperança é de que tais teorias, de acordo com nossa capacidade intelectual, de fato expliquem coisas sobre o nosso mundo físico que hoje parecem misteriosas: por que prótons, elétrons e outras partículas subatômicas realmente existem, e por que o mundo físico é governado por forças e leis específicas. Uma teoria unificada pode revelar algumas coisas insuspeitas, sejam elas em escalas minúsculas, ou a explicação de alguns mistérios de nosso universo em expansão. Talvez alguma nova forma de energia latente no espaço possa ser extraída com alguma utilidade; uma compreensão de dimensões adicionais poderia dar substância ao conceito de viagem no tempo. Tal teoria também nos dirá quais tipos de experimentos extremos, se é que existem, poderiam desencadear uma catástrofe.

A TERCEIRA FRONTEIRA DA CIÊNCIA: O MUITO COMPLEXO

Uma teoria definitiva para o cosmos e o mundo micro — mesmo que ela fosse algum dia alcançada — ainda não seria presságio do "fim da ciência". Há mais uma fronteira aberta: o estudo de coisas que são muito complicadas — acima de tudo, nós mesmos e nosso habitat. Podemos entender um átomo individual e até os mistérios dos quarks e de outras partículas que rondam em seus núcleos, mas permanecemos perplexos com a maneira intrincada com que os átomos se combinam para fazer todas as elaboradas estruturas de nosso ambiente, sobretudo aquelas que estão vivas. A frase "teoria de tudo", muitas vezes usada em livros populares, tem conotações que não só são insolentes, como muito enganosas também. Uma dita teoria de tudo na verdade não seria de nenhuma ajuda para 99% dos cientistas.

O brilhante e carismático físico Richard Feynman gostava de enfatizar esse aspecto com uma boa analogia, que na verdade remonta a T. H. Huxley no século XIX. Imagine que você nunca tivesse visto uma partida de xadrez. Depois de assistir a algumas, você pode inferir as regras. Mas, no xadrez, aprender como as peças se mexem é só uma preliminar trivial na progressão absorvente que vai de iniciante a mestre. Da mesma forma, mesmo que tivéssemos conhecimento das leis básicas, explorar como suas conseqüências se desdobraram ao longo da história cósmica — como galáxias e estrelas e planetas se formaram, e como aqui na Terra, e talvez em muitas biosferas em outros lugares, os átomos se juntaram em criaturas capazes de refletir sobre suas origens — é um desafio infinito.

A ciência ainda mal começou: cada avanço põe em foco um novo conjunto de perguntas. Concordo com John Maddox: "As grandes surpresas serão as respostas a perguntas que ainda não somos inteligentes o suficiente para formular. O empreendimento científico é um projeto inacabado e assim permanecerá pelo resto dos tempos".[125]

Pode parecer presunção da parte de cosmólogos que se pronunciam confiantes sobre assuntos arcanos e remotos quando as opiniões de especialistas sobre questões cotidianas já muito estudadas, tais como dieta e cuidado de crianças, são manifestamente pouco mais do que modas transitórias. Mesmo assim, o que torna as coisas difíceis de serem entendidas é a complexidade que elas possuem, não o seu tamanho. Planetas e estrelas são grandes, mas se movem de acordo com leis simples. Podemos entender estrelas, e átomos também; mas o mundo de todo dia, sobretudo o mundo vivo, representa um desafio maior. A dietética é, num sentido concreto, uma ciência mais difícil do que a cosmologia ou a física subatômica. Seres humanos, as entidades mais intrincadamente construídas que conhecemos no universo, estão a meio caminho entre átomos e estrelas.[126] Seriam precisos tantos corpos humanos para fazer o Sol quantos átomos existentes dentro de cada um de nós.[127]

Nosso mundo cotidiano impõe um desafio ainda maior para a ciência do século XXI do que o cosmos ou o mundo de partículas subnucleares. O reino biológico é o desafio principal, mas mesmo substâncias simples se comportam de formas complexas. Padrões climáticos são manifestações da bem compreendida física do ar e da água, contudo são excessivamente intrincados, caóticos e imprevisíveis; teorias melhoradas do mundo micro não são de nenhuma utilidade para aqueles que preparam as previsões do tempo.

Quando nos debatemos com as complexidades em nossa escala humana, um enfoque holístico se mostra mais útil do que um reducionismo ingênuo. O comportamento animal faz mais sentido quando entendido em termos de objetivos e de sobrevivência. Podemos prever com confiança que um albatroz voltará a seu ninho depois de percorrer 10 mil quilômetros ou mais. Tal predição seria impossível — não só na prática, como mesmo em princípio —, se analisássemos o albatroz num conjunto de elétrons, prótons e nêutrons.

As ciências são às vezes comparadas a andares diferentes de

um alto edifício: lógica no porão, matemática no primeiro andar, depois a física de partículas, seguida do resto da física e da química, e assim por diante, até chegar à psicologia, à sociologia e à economia na cobertura. Mas a analogia é pobre. As superestruturas, as ciências dos "andares altos" que lidam com sistemas complexos, não estão em risco por causa de uma fundação pouco segura, como acontece num prédio. Há leis da natureza no domínio macroscópico que são tão desafiantes quanto qualquer coisa no mundo micro, e são conceitualmente autônomas dele — por exemplo, aquelas que descrevem a transição entre comportamento regular e caótico, que se aplicam a fenômenos tão diferentes quanto torneiras pingando e populações animais.

Há problemas em química, biologia, meio ambiente e ciências humanas que permanecem sem solução porque os cientistas não elucidaram os padrões, as estruturas e as interconexões, não porque não entendemos o suficiente de física subatômica. Ao tentar entender como as ondas de água se quebram e como os insetos se comportam, uma análise no nível atômico não ajuda. Encontrar o "texto" do genoma humano — descobrir a cadeia de moléculas que codificam nossa herança genética — é um feito espantoso. Mas é apenas o prelúdio para o desafio muito maior da ciência pós-genômica: entender como o código genético desencadeia a montagem de proteínas e se expressa num embrião em desenvolvimento. Outros aspectos da biologia, sobretudo a natureza do cérebro, impõem desafios que ainda mal podem ser formulados.

OS LIMITES DAS MENTES HUMANAS

Alguns ramos da ciência poderiam algum dia estacar. Mas isso pode acontecer porque chegamos aos limites do que nosso cérebro pode entender, não porque o assunto está esgotado. Talvez os físicos nunca cheguem a entender a natureza fundamental de tempo e espaço porque a matemática é difícil demais; mas eu acho que nossos esforços para compreender sistemas muito complexos — acima de tudo, nossos próprios cérebros — serão os primeiros a atingir tais limites. Talvez agregados complexos de átomos, sejam eles cérebros ou máquinas, nunca possam entender tudo sobre eles mesmos.

Computadores com faculdades humanas vão acelerar a ciência, mesmo que não pensem como nós pensamos. O computador enxadrista da IBM, o Deep Blue, não desenvolveu sua estratégia como faz um jogador humano; ele explorou sua velocidade computacional para comparar milhões de séries alternativas de movimentos e respostas, aplicando um conjunto complicado de regras, antes de decidir-se por um lance ideal. Essa abordagem de "força bruta" dominou um campeão mundial; assim também, máquinas farão descobertas científicas que escaparam a cérebros humanos sem assistência. Por exemplo, algumas substâncias perdem completamente sua resistência elétrica quando resfriadas a temperaturas muito baixas (supercondutores). Há uma busca contínua para encontrar a "receita" de um supercondutor que funcione em temperaturas ambientes normais (ou seja, quase trezentos graus acima do zero absoluto; a temperatura supercondutora mais alta atingida até agora é 120 graus). Uma busca como essa envolve muita "tentativa e erro", porque ninguém entende o que é que faz a resistência elétrica desaparecer mais prontamente em alguns materiais do que em outros.

Suponha que uma máquina obtivesse tal receita. Talvez ela a tivesse conseguido da mesma forma com que Deep Blue ganhou seus jogos de xadrez contra Kasparov: testando milhões de possibilidades em vez de fazer uso de uma teoria ou estratégia à moda humana. Mas ela poderia ter chegado a algo que daria a um cientista um prêmio Nobel. Além disso, sua descoberta anunciaria uma inovação técnica que poderia, entre outras coisas, levar a computadores ainda mais potentes, um exemplo da aceleração do tipo bola-de-neve na tecnologia, preocupante para Bill Joy e outros futuristas, que poderia ser inevitável quando os computadores forem capazes de aumentar ou até suplantar cérebros humanos.

Simulações em que usarão computadores cada vez mais potentes[128] ajudarão os cientistas a entender processos que não estudamos em nossos laboratórios nem observamos diretamente. Meus colegas já podem criar um "universo virtual" num computador e fazer "experimentos" nele — simulando, por exemplo, como estrelas se formam e morrem, e como nossa Lua se formou num impacto entre a jovem Terra e outro planeta.

A PRIMEIRA VIDA

Em breve os biólogos terão esclarecido os processos pelos quais as combinações de genes codificam a intrincada química de uma célula, assim como a morfologia de membros e olhos. Outro desafio é elucidar como a vida começou, talvez até mesmo replicar o evento, quer num laboratório, quer "virtualmente" num computador (onde se pode estudar a evolução com muito mais rapidez do que em tempo real).

Toda a vida na Terra parece ter tido um ancestral comum, mas como essa primeira coisa viva veio a existir? O que fez com que os aminoácidos se transformassem nos primeiros sistemas replicadores, e na intrincada química protéica da vida unicelular? A resposta a essa pergunta — a transição dos não-vivos para os vivos — é um assunto inacabado fundamental para a ciência. Experimentos de laboratório que tentam simular a "sopa" de produtos químicos na jovem Terra podem dar pistas; simulações em computador também poderiam. Darwin imaginou um "laguinho morno".

Estamos agora mais conscientes da imensa variedade de nichos que a vida pode ocupar. Os ecossistemas situados perto de fontes sulfurosas quentes nos oceanos profundos nos dizem que nem mesmo a luz solar é essencial. Então os princípios da vida podem ter ocorrido num vulcão tórrido, numa localização subterrânea profunda ou até mesmo na rica mistura química de uma nuvem interestelar poeirenta.

Acima de tudo, queremos saber se o surgimento da vida era de alguma forma inevitável, ou se foi um acaso feliz. A importância cósmica da nossa Terra depende de as biosferas serem raras ou comuns, o que por sua vez depende de quão "especiais" as condições precisam ser para que a vida tenha início. A resposta a essa pergunta-chave afeta a maneira como vemos a nós mesmos e o futuro da Terra a longo prazo. Estamos bloqueados, é claro, pelo fato de que dispomos de um único exemplo, mas pode ser que isso mude. A busca por vida alienígena talvez seja o desafio mais fascinante para a ciência do século XXI. Seu resultado terá influência tão profunda sobre nosso conceito a respeito do nosso lugar na natureza quanto o darwinismo nos últimos 150 anos.

12. Há significado cósmico em nossa sina?

AS PROBABILIDADES PODERIAM SER TÃO FORTEMENTE CONTRÁRIAS AO SURGIMENTO (E À SOBREVIVÊNCIA) DE VIDA COMPLEXA QUE TALVEZ A TERRA SEJA A MORADA ÚNICA DE INTELIGÊNCIA CONSCIENTE EM NOSSA GALÁXIA INTEIRA. NOSSA SINA TERIA ENTÃO UMA VERDADEIRA RESSONÂNCIA CÓSMICA.

A vida é disseminada? Ou a Terra é especial — não só para nós, para quem ela é o planeta natal, mas também para o amplo cosmos?

Enquanto só tivermos conhecimento de uma biosfera, a nossa, não podemos deixar de admitir que ela seja única: a vida complexa poderia ser o resultado de uma cadeia de eventos tão improvável que tenha acontecido só uma vez no universo observável, no planeta em que (é claro) estamos. Por outro lado, a vida poderia ser disseminada, surgindo em qualquer planeta como a Terra (e talvez em muitos outros ambientes cósmicos também). Ainda sabemos muito pouco sobre como a vida começou e como ela evolui para que possamos decidir entre essas duas possibilidades extremas. O maior avanço seria encontrar outra biosfera: vida alienígena real.

Explorações não tripuladas ao sistema solar nas próximas décadas podem melhorar as chances. Desde a década de 1960, sondas espaciais têm sido enviadas aos outros planetas do nosso sistema solar, mandando de volta fotografias de mundos que são variados e distintos; mas nenhum — em forte contraste com o nosso próprio planeta — parece acolhedor para a vida. Marte é ainda o principal foco de atenção. Sondas revelaram paisagens marcianas dramáticas: vulcões de até vinte quilômetros de altura e um cânion de seis quilômetros de profundidade que se estende por 4 mil quilômetros. Há leitos de rios secos, até mesmo traços que se assemelham às margens de um lago. Se alguma vez fluiu água na superfície de Marte, é provável que tenha se originado no subterrâneo profundo e sido forçada para cima através da camada de gelo permanente.

SONDANDO MARTE E ALÉM

A primeira busca séria da Nasa por vida marciana foi nos anos 1970. As sondas *Viking* foram lançadas de pára-quedas sobre um desolado deserto pedregoso e recolheram amostras de solo; seus instrumentos não detectaram nenhum sinal nem mesmo dos organismos mais primitivos. A única alegação séria de vida fóssil veio mais tarde, com as análises de um pedaço de Marte que chegou até a Terra sozinho. Marte está sendo bombardeado, como a Terra, por impactos de asteróides que lançam detritos no espaço. Alguns desses detritos, depois de vaguear em órbita por muitos milhões de anos, caem na Terra na forma de meteoritos. Em 1996, oficiais da Nasa orquestraram uma entrevista coletiva muito badalada, à qual até o presidente Clinton compareceu, para proclamar que um meteorito recuperado da Antártica, com assinaturas químicas de origem marciana, levava traços de minúsculos organismos. Os cientistas voltaram atrás em algumas afirmações desde então: a "vida em Marte" pode desaparecer assim como aconteceu com os "canais" há um século. Mas a esperança de que haja vida no planeta vermelho não foi abandonada, embora mesmo os otimistas esperem um pouco mais do que bactérias dormentes. Outras sondas espaciais vão analisar a superfície marciana muito mais minuciosamente do que a *Viking* e (em missões posteriores) trazer amostras para a Terra.

Marte não é o único alvo desses reconhecimentos. Em 2004 a sonda *Huygens* da Agência Espacial Européia, que é parte da carga da missão Cassini da Nasa, vai ser lançada de pára-quedas na atmosfera de Titã, a lua gigante de Saturno, em busca de qualquer coisa que possa estar viva. Há planos mais a longo prazo para aterrissar uma sonda submersível em Europa, lua de Júpiter, à procura de vida — talvez mesmo com barbatanas ou tentáculos — em seus oceanos cobertos de gelo.

Detectar vida em dois lugares do nosso sistema solar — que agora sabemos ser somente um dentre milhões de sistemas planetários em nossa galáxia — sugeriria que se trata de algo que é comum em outros lugares do universo. Imediatamente concluiríamos que nosso universo (com bilhões de galáxias cada uma contendo bilhões de estrelas) poderia abrigar trilhões de habitats onde algum tipo de vida (ou vestígios de vida passada) exista. É por isso que é cientificamente tão importante procurar vida nos outros planetas e luas do nosso sistema solar.

Há um quesito fundamental, porém: antes de fazer qualquer inferência sobre a ubiqüidade da vida, precisaríamos ter bastante certeza de que qualquer vida extraterrestre começou de forma independente, e que organismos não chegaram, através de poeira cósmica ou meteoritos, de um planeta ao outro. Afinal, sabemos que alguns meteoritos que atingiram a Terra vieram de Marte; se houvesse vida neles, talvez tenha sido assim que a vida começou aqui. Talvez tenhamos todos ascendência marciana.

OUTRAS TERRAS?

Mesmo que haja vida em outros lugares do nosso sistema solar, poucos cientistas, se tanto, esperam que ela seja "avançada". Mas e o cosmos mais remoto? Desde o ano de 1995, um novo campo da ciência foi inaugurado: o estudo de outras famílias de planetas, em órbita em torno de estrelas distantes. Quais são as perspectivas de vida em alguns deles? Poucos dentre nós ficaram surpresos com o fato de que esses planetas existissem: os astrônomos já sabiam que outras estrelas se formavam como o nosso Sol, a partir de uma nuvem interestelar de rotação lenta que se contraía num disco; o gás poeirento nesses outros discos podia aglomerar-se para formar planetas, como aconteceu em torno do recém-nascido Sol. Mas até a década de 1990 não havia técnicas sensíveis o suficiente para revelar qualquer um desses planetas longínquos.[129] Enquanto escrevo, já se sabe de cem outras estrelas como o Sol que têm pelo menos um planeta; quase todo mês outras são descobertas. Esses planetas encontrados até agora, orbitando estrelas como o Sol, são todos mais ou menos do tamanho de Júpiter ou de Saturno, os gigantes do nosso sistema solar. Mas eles provavelmente não passam dos integrantes maiores de outros "sistemas solares" cujos membros menores estão ainda por ser descobertos. Um planeta como a Terra, trezentas vezes menor do que Júpiter, seria pequeno e indistinto demais para ser revelado por meio das técnicas atuais, mesmo que estivesse em órbita em torno de uma das estrelas mais próximas. Para observar planetas como a Terra, serão necessários gigantescos aparatos telescópicos no espaço. O principal programa científico da Nasa — "Origins" — concentra-se na origem do universo, dos planetas e da vida. Um dos projetos mais palpitantes será o chamado Terrestrial Planet Finder [Buscador Terrestre de Planetas],[130] um aparato de telescópios no espaço; os europeus estão planejando um projeto semelhante, chamado "Darwin".

Todos nós, quando jovens, aprendemos a disposição do nosso sistema solar — o tamanho dos nove planetas principais, e como eles se movem em órbita em torno do Sol. Mas daqui a vinte anos poderemos dizer a nossos netos coisas muito mais interessantes numa noite estrelada. Estrelas próximas terão deixado de ser meros pontos cintilantes no céu. Pensaremos nelas como os sóis de outros sistemas solares. Saberemos as órbitas do séqüito de planetas de cada estrela, e até mesmo detalhes topográficos dos planetas maiores.

O Terrestrial Planet Finder e sua contrapartida européia deveriam descobrir muitos desses planetas, mas só como pontos luminosos indistintos. A despeito disso, muito pode ser aprendido sobre eles, mesmo sem um retrato detalhado. Vista de (digamos) cinqüenta anos-luz de distância — a distância de uma estrela próxima —, a Terra seria, segundo Carl Sagan, um "pálido ponto azul", aparentemente muito perto de uma estrela (nosso Sol) que a suplanta em brilho por um fator de muitos bilhões. O tom de azul seria levemente diferente, dependendo de termos o oceano Pacífico ou a massa terrestre eurasiana diante de nós. Pela observação de outros planetas, ainda que sem a resolução de detalhes em suas superfícies, podemos inferir se estão girando, o comprimento de seu "dia" e até, *grosso modo*, sua topografia e seu clima.

Estaremos especialmente interessados em "gêmeos" possíveis da nossa Terra:[131] planetas do mesmo tamanho que o nosso, orbitando outras estrelas do tipo do Sol, e com climas temperados, onde a água não ferve nem fica congelada. Pela análise da luz difusa de tal planeta, poderíamos inferir quais gases existem em sua atmosfera. Se existisse ozônio — o que sugere riqueza em oxigênio, como na atmosfera da Terra —, isso indicaria uma biosfera. Nossa atmosfera não começou dessa forma, ela foi transformada por bactérias primitivas em sua história inicial.

Mas uma imagem real de um planeta como esse — uma que possa ser exposta em telas do tamanho de paredes que terão então substituído os pôsteres como decoração — exercerá um impacto muito maior do que as fotos clássicas do nosso planeta visto do espaço. Mesmo que programas como o da Nasa continuem por várias décadas, não teremos tais fotografias antes de 2025. Elas exigirão imensos espelhos no espaço; um aparato estendido por centenas de quilômetros ofereceria uma imagem muito borrada e crua, capaz apenas de revelar um oceano ou uma massa continental. Mais adiante, fabricantes robóticos poderão construir, na gravidade zero do espaço, espelhos finos como membranas em escala mais gigantesca. Estes mostrariam mais detalhe e nos permitiriam "fuçar" ainda mais longe, aumentando a chance de encontrar um planeta que pudesse abrigar vida.

VIDA ALIENÍGENA?

A que distância teremos que procurar para encontrar outra biosfera? Será que a vida começa em cada planeta na faixa de temperatura correta, onde há água, junto com outros elementos como o carbono? No momento, essas perguntas estão em aberto. Como muitas vezes na ciência, a falta de evidência leva a opiniões polarizadas e não raro dogmáticas, mas agnosticismo é realmente a única atitude racional enquanto sabemos tão pouco sobre como a vida começou, quão variadas suas formas e habitats poderiam ser e que caminhos evolutivos ela poderia tomar.

Será possível que alguns desses planetas, orbitando outras estrelas, abriguem formas de vida muito mais exóticas do que até mesmo os otimistas poderiam esperar em Marte ou em Europa — quem sabe até algo que pudesse ser chamado de inteligente? Para melhorar as probabilidades, precisamos de uma compreensão mais clara de quão especial o ambiente físico da Terra teve que ser para permitir o prolongado processo de seleção que levou às formas superiores de animais no nosso planeta. Donald Brownlee e Peter Ward,[132] em seu livro *Rare Earth*, afirmam que pouquíssimos planetas em torno de outras estrelas — mesmo aqueles que se pareciam com a Terra quanto ao tamanho e às temperaturas — forneceriam a estabilidade de longo prazo necessária para a prolongada evolução que deve preceder a vida avançada. Para eles, vários dos pré-requisitos existentes raramente poderiam ser preenchidos. A órbita do planeta não poderia chegar muito perto de seu "sol", nem muito longe, como aconteceria se outros planetas maiores chegassem perto demais e o empurrassem para uma órbita diferente; sua rotação deve ser estável (algo que depende de a nossa Lua ser grande); não pode haver bombardeio excessivo por asteróides; e assim por diante.

Mas as maiores incertezas estão na seara da biologia, não da astronomia. Primeiro, como começou a vida? Acho que há uma chance real de progresso aqui, então saberemos se é um "golpe de sorte", ou se é quase inevitável no tipo de "sopa" inicial esperada num planeta jovem. Há contudo uma segunda pergunta: não obstante exista vida simples, quais são as probabilidades de que ela evolua para algo que reconheceríamos como inteligente? É provável que esta questão se revele muito mais inacessível. Mesmo que vida primitiva seja algo comum, o surgimento de vida "avançada" pode não ser.

Conhecemos, de modo geral, os estágios principais do desenvolvimento da vida aqui na Terra. Os organismos mais simples parecem ter emergido nos primeiros 100 milhões de anos do resfriamento final da crosta terrestre após o último impacto importante, cerca de 4 bilhões de anos atrás. Entretanto, parecem ter se passado cerca de 2 bilhões de anos antes que as primeiras células eucarióticas (nucleadas) aparecessem, e mais outro bilhão antes da vida multicelular. A maior parte dos planos corporais básicos parece ter surgido durante a "explosão do Cambriano", há pouco mais de meio bilhão de anos. A imensa variedade de criaturas viventes em terra emergiu daquele tempo, pontuada por grandes extinções, como o evento há 65 milhões de anos que acabou com os dinossauros.

Ainda que existisse vida simples em muitos planetas em torno de estrelas próximas, talvez biosferas complexas como a da Terra sejam raras: poderia haver algum obstáculo essencial na evolução que seja difícil de superar. Talvez a transição para a vida multicelular. (O fato de ter surgido vida simples bem depressa no nosso planeta, ao passo que os organismos multicelulares mais básicos levaram quase 3 bilhões de anos, sugere que pode haver severas barreiras à emergência de qualquer vida complexa.) Ou quem sabe o maior obstáculo veio mais tarde. Mesmo numa biosfera complexa, a emergência de inteligência do nível da humana não é garantida. Se, por exemplo, os dinossauros não tivessem sido exterminados, a cadeia de evolução dos mamíferos que levou ao *Homo sapiens* poderia ter sido encerrada, e não podemos prever se outra espécie teria assumido nosso papel. Alguns evolucionistas acreditam que a emergência da inteligência se configure em uma contingência, até mesmo improvável. Outros divergem, no entanto. Entre eles está meu colega de Cambridge Simon Conway Morris, uma autoridade na extraordinária variedade de formas de vida do Cambriano em Burgess Shale, nas Rochosas canadenses na Colúmbia Britânica. Ele se impressiona com a evidência para a "convergência" em evolução (por exemplo, o fato de que marsupiais australianos têm contrapartidas placentárias em outros continentes) e defende que isso poderia quase garantir a emergência de algo como nós. Morris escreve: "Para toda a plenitude da vida há um forte selo de limitação, concedendo previsibilidade ao que não só vemos na Terra, como, por extensão, em outros lugares".[133]

Uma possibilidade mais terrível seria um obstáculo em nosso estágio evolutivo atual, o estágio em que a vida inteligente começa a desenvolver tecnologia. Se for o caso, o desenvolvimento futuro da vida depende de os humanos sobreviverem a esta fase. Isso não quer dizer que a Terra tem que evitar um desastre, só que, antes que isso aconteça, alguns seres humanos ou artefatos avançados deverão ter se espalhado além de seu planeta natal.

É justificável que buscas por vida se concentrem em planetas como a Terra, que orbitam estrelas longevas. Todavia, os autores de ficção científica nos lembram de que há alternativas mais exóticas. Talvez a vida possa florescer até mesmo num planeta jogado na escuridão enregelada do espaço interestelar, cujo principal calor emana da radioatividade interna (o processo que aquece o núcleo terrestre). Poderia haver estruturas vivas difusas, flutuando livremente em nuvens interestelares; tais entidades viveriam (e, se inteligentes, pensariam) em câmera lenta, mas, apesar disso, podem vir a expressar-se no futuro distante.

Nenhuma vida sobreviveria num planeta cuja estrela solar central se tornasse um gigante e explodisse suas camadas externas. Tais considerações nos lembram da transitoriedade de mundos habitados, e também de que qualquer sinal de aparência artificial poderia vir de computadores superinteligentes (embora não necessariamente conscientes), criados por uma raça de seres alienígenas que há muito deixou de existir.

Se a vida avançada for disseminada, temos que confrontar a famosa pergunta feita pelo grande físico Enrico Fermi: por que eles já não visitaram a Terra? Por que eles, ou seus artefatos, não estão diante de nossos narizes? Esse argumento ganha ainda mais peso quando nos damos conta de que algumas estrelas são bilhões de anos mais velhas que o nosso Sol: se a vida fosse comum, sua emergência deveria ter tido uma "vantagem" em planetas em torno dessas estrelas anciãs.[134] O cosmólogo Frank Tipler, talvez o proponente mais enérgico da visão de que estamos sozinhos, não sugere que alienígenas teriam viajado distâncias interestelares. Ele defende, porém, que pelo menos uma civilização alienígena teria desenvolvido máquinas auto-reprodutoras e as teria lançado no espaço. Essas máquinas se espalhariam de planeta em planeta, multiplicando-se à medida que avançavam; elas se dispersariam pela galáxia em 10 milhões de anos, um tempo muito mais curto do que a "vantagem" que algumas das outras civilizações poderiam ter tido. (É claro que há contendas recorrentes sobre a possibilidade de óvnis terem nos visitado;[135] algumas pessoas afirmam ter sido abduzidas por alienígenas. Nos anos 1990, seu "cartão de visita" favorito era um padrão de "círculos de plantação" em campos de milho, sobretudo no Sul da Inglaterra. Como a maior parte dos cientistas que estudaram esses relatos, sou profundamente incrédulo. Afirmações extraordinárias exigem evidência extraordinária para apoiá-las, mas em todos esses casos a evidência é frágil. Se alienígenas realmente tivessem capacidade mental e tecnologia para atingir a Terra, será que eles não fariam mais do que pilhar alguns campos de milho? Ou se contentariam com a breve abdução de alguns lunáticos conhecidos? Suas manifestações são tão banais e pouco convincentes quanto as mensagens dos mortos de que volta e meia se tinha notícia no apogeu do espiritismo, há cem anos.)

Talvez possamos descartar visitas por alienígenas de escala humana, mas se uma civilização extraterrestre tivesse dominado a nanotecnologia e transferido sua inteligência para máquinas, a "invasão" poderia consistir num enxame de sondas microscópicas que poderiam ter passado despercebidas. Mesmo que não tivéssemos sido visitados, não deveríamos, apesar da pergunta de Fermi, concluir que não existem alienígenas. Seria muito mais fácil mandar um sinal de rádio ou de laser do que atravessar as distâncias inimagináveis do espaço interestelar. Já somos capazes de mandar sinais que poderiam ser detectados por uma civilização alienígena; na verdade, equipados com grandes antenas de rádio, eles poderiam detectar os fortes sinais de radar de mísseis antibalísticos, assim como a emissão conjunta de todas as nossas retransmissoras de televisão.

Buscas por inteligência extraterrestre (Seti, de Searches for Extraterrestrial Intelligence) estão sendo encabeçadas pelo Instituto Seti em Mountain View, Califórnia; seu trabalho é sustentado por generosas doações de Paul Allen, co-fundador da Microsoft, além de outros benfeitores particulares. Qualquer amador interessado que tenha um computador pessoal pode baixar e analisar um curto trecho da seqüência de dados do radiotelescópio do instituto. Milhões de pessoas aceitaram essa oferta, cada uma delas inspirada pela esperança de ser a primeira a encontrar o "ET". À luz desse amplo interesse público, parece surpreendente que as buscas do Seti ainda enfrentem tanta dificuldade em obter financiamento público, mesmo no nível dos impostos arrecadados com um único filme de ficção científica. Se eu fosse um cientista norte-americano testemunhando perante o Congresso, ficaria mais satisfeito em requisitar alguns milhões de dólares para o Seti do que em buscar fundos para alguma ciência mais especializada, ou até para projetos espaciais convencionais.

Faz sentido escutar, em vez de transmitir. Qualquer troca de duas mãos levaria décadas, então haveria tempo para planejar uma resposta ponderada. Mas, a longo prazo, um diálogo poderia desenvolver-se. O especialista em lógica Hans Freudenthal propôs toda uma linguagem para comunicação interestelar, mostrando como ela poderia começar com o vocabulário limitado necessário para declarações matemáticas simples, e gradualmente desenvolver e diversificar o domínio do discurso.[136] Um sinal manifestamente artificial, que tivesse intenção de ser decodificado ou que fosse parte de algum ciberespaço cósmico que estivéssemos espionando, passaria a notável mensagem de que inteligência (embora não necessariamente consciência) não é algo exclusivo da Terra.

Se a evolução em outro planeta de alguma forma se parecesse com os cenários de "inteligência artificial" conjeturados para o século XXI aqui na Terra, a mais provável e durável forma de "vida" pode ser representada por máquinas cujos criadores há muito foram usurpados ou se extinguiram. O único tipo de inteligência que poderíamos detectar seria aquele que levasse a uma tecnologia que pudéssemos reconhecer, e isso poderia ser uma fração desimportante e atípica da totalidade da inteligência extraterrestre. Alguns "cérebros" podem interpretar a realidade de uma maneira que não podemos conceber e ter uma percepção bem diferente dela. Outros poderiam não ser comunicativos: levar vidas contemplativas, talvez nas profundezas de algum oceano planetário, sem fazer nada que revelasse sua presença. Outros "cérebros" ainda poderiam ser conjuntos de "insetos sociais" superinteligentes. Pode haver muito mais por aí do que seríamos capazes de detectar. Ausência de evidência não é necessariamente evidência de ausência.

Sabemos pouco demais sobre como a vida começou e como ela evolui para sermos capazes de dizer se é provável ou não a existência de inteligência alienígena. O cosmos pode já estar pululando de vida: se for o caso, nada que aconteça na Terra fará muita diferença para o futuro cósmico da vida a longo prazo. Por outro lado, o surgimento de inteligência pode exigir uma cadeia de eventos tão improvável que seja exclusiva à nossa Terra. Pode simplesmente não ter ocorrido em nenhum outro lugar, em volta nem mesmo de uma dentre os trilhões de bilhões de outras estrelas ao alcance dos nossos telescópios.

Também não podemos julgar o melhor meio de buscar por vida inteligente. Em capítulos anteriores, enfatizei que não podemos ter certeza nem sobre qual será a forma de inteligência dominante na Terra, mesmo dentro de um século. Que perspectivas poderíamos ter ao imaginar o que poderia ser gerado em outra biosfera com 1 bilhão de anos de vantagem sobre nós? Sabemos muito pouco para determinar probabilidades com confiança sobre o que pode existir ou como isso poderia manifestar-se, então deveríamos procurar por emissões de rádio anômalas, lampejos ópticos e absolutamente qualquer tipo de sinal que tenhamos instrumentos para detectar.

De algum modo, seria um desapontamento se as buscas por inteligência alienígena estivessem fadadas ao fracasso. Por outro lado, tal fracasso aumentaria nossa auto-estima cósmica: se nossa minúscula Terra fosse uma morada única da inteligência, poderíamos vê-la sob uma perspectiva menos humilde do que ela mereceria se a galáxia já estivesse pululando de vida complexa.

13. Além da Terra

SE SONDAS E FABRICADORES ROBÓTICOS SE ESPALHASSEM PELO SISTEMA SOLAR, SERÁ QUE ALGUNS HUMANOS OS SEGUIRIAM? COMUNIDADES DISTANTES DA TERRA SERIAM ESTABELECIDAS (SE FOSSEM) POR PIONEIROS INDIVIDUALISTAS QUE APRECIAM ENCARAR RISCOS. VIAJAR ALÉM DO SISTEMA SOLAR É UMA PERSPECTIVA MUITO MAIS REMOTA E PÓS-HUMANA.

Uma imagem ícone dos anos 1960 foi a primeira fotografia tirada do espaço, mostrando nossa Terra esférica. Jonathan Schell[137] sugere que essa foto deveria ser complementada por outra, com foco no nosso planeta mas que se estenda no tempo, e não no espaço:

> O ângulo que conta é visto da Terra, de dentro da vida. [...] Deste ponto de observação terreno, outra paisagem — ainda mais extensa do que aquela desde o espaço — se descortina. É a visão de nossos filhos e netos, e de todas as futuras gerações da humanidade, esten-

> dendo-se diante de nós no tempo. [...] A idéia de interromper o fluxo da vida, de amputar esse futuro, é tão chocante, tão estranha à natureza e tão contraditória em relação ao impulso da vida que mal podemos considerá-la antes de lhe darmos as costas irritados e descrentes.

Vale a pena tomar precauções para assegurar que, aconteça o que acontecer, algo da humanidade sobreviva? A maior parte de nós se importa com o futuro, não só por causa da preocupação pessoal com filhos e netos, mas porque todos os nossos esforços perderiam o valor se não fossem parte de um processo continuado, se não tivessem conseqüências que refletissem no futuro distante.

Seria absurdo afirmar que a emigração para o espaço é uma resposta ao problema populacional, ou que mais do que uma minúscula fração dos que estão na Terra venha a deixá-la. Se algum desastre reduzisse a humanidade a uma população muito menor, vivendo em condições primitivas num terreno baldio devastado, os sobreviventes ainda achariam o ambiente da Terra mais acolhedor do que o de qualquer outro planeta. Apesar disso, mesmo alguns poucos grupos pioneiros que vivessem independentes do planeta representariam uma salvaguarda contra o pior desastre possível — o abortamento do futuro inteligente da vida em face da extinção de toda a humanidade.

O pequeno mas constante risco de uma catástrofe global provocado por uma causa "natural" será em muito aumentado pelos riscos que brotam da tecnologia do século XXI. A humanidade permanecerá vulnerável enquanto estiver confinada aqui na Terra. Vale a pena, no espírito da aposta de Pascal, assegurar-se não só contra a ocorrência de desastres naturais, mas também contra o risco provavelmente muito maior (e sem dúvida crescente) das catástrofes causadas por humanos discutidas nos capítulos anteriores? Uma vez que comunidades auto-sustentadas existam fora da Terra — na Lua, em Marte ou flutuando livremente no espaço —, nossa espécie seria invulnerável até mesmo aos piores desastres globais.

Então qual seria a possibilidade de estabelecer um habitat sustentável em outro ponto do sistema solar? Quanto tempo será necessário para que voltemos à Lua, e quem sabe exploremos ainda mais além?

AS VIAGENS ESPACIAIS TRIPULADAS RENASCERÃO?

Aqueles de nós que hoje se encontram na meia-idade lembram de ter visto na televisão as sombrias imagens do "pequeno passo" de Neil Armstrong. Nos anos 1960, o programa do presidente Kennedy para "mandar um homem à Lua antes do fim da década, e trazê-lo são e salvo de volta à Terra" levou as viagens espaciais do pacote de cereais à realidade. E parecia ser só o começo. Imaginamos projetos de continuação: uma "base lunar" permanente, bastante similar à que existe no pólo sul; ou até mesmo imensos "hotéis espaciais" orbitando a Terra. Expedições tripuladas a Marte pareciam o próximo passo natural. Mas nenhuma dessas possibilidades se concretizou. O ano de 2001 não se pareceu com a representação de Arthur C. Clarke, assim como 1984 (felizmente) não lembrou a de Orwell.

Em vez de ser um precursor para um programa continuado e cada vez mais ambicioso de viagem espacial tripulada, o programa *Apolo* de aterrissagem na Lua foi um episódio passageiro, motivado primariamente pelo afã de "derrotar os russos".

A última aterrissagem lunar foi em 1972. Ninguém com idade muito aquém dos 35 se lembra de quando o homem andou na Lua. Para os jovens, o programa *Apolo* é um remoto episódio histórico: eles sabem que os americanos mandaram homens para a Lua, assim como sabem que os egípcios construíram as pirâmides; mas as motivações parecem quase tão bizarras num caso como no outro. O filme de 1995 *Apolo 13*, um "docudrama" estrelado por Tom Hanks, sobre o quase desastre que recaiu sobre James Lovell e sua tripulação numa viagem em torno da Lua, foi para mim (e suspeito que para muitos outros de idade similar) um lembrete evocativo de um episódio que ansiosamente acompanhamos na época. Mas, para uma audiência jovem, a parafernália ultrapassada e os tradicionais valores "corretos" devem ter parecido tão antiquados quanto um "faroeste" tradicional.

A argumentação em defesa de vôos espaciais tripulados nunca foi muito forte, e fica cada vez mais fraca com os avanços em robótica e em miniaturização. O uso do espaço para comunicações, meteorologia e navegação foi adiante, aproveitando os mesmos avanços técnicos que nos deram telefones celulares e computadores portáteis de alta capacidade aqui na Terra. A exploração do espaço para fins científicos pode ser mais bem desempenhada (e de forma muito mais barata) por sondas sem tripulação. Imensas quantidades de sondas robóticas miniaturizadas — "máquinas inteligentes" — serão, daqui a 25 anos, espalhadas pelo sistema solar, mandando de volta imagens de planetas, luas, cometas e asteróides, revelando de que são feitos, e talvez construindo artefatos com a matéria-prima encontrada neles. Pode haver benefícios econômicos a longo prazo no espaço, mas eles serão implementados por fabricantes robóticos, não por pessoas.

Mas qual é o futuro dos vôos espaciais tripulados? Na década de 1990, cosmonautas russos passaram meses, anos até, circundando a Terra na cada vez mais decrépita estação espacial *Mir*. Com sua longevidade prevista havia muito esgotada, a *Mir* encerrou sua missão em 2001 com um mergulho final no oceano Pacífico. Sua sucessora, a International Space Station (ISS), será o artefato mais caro jamais construído, mas é um "elefante branco" no céu. Mesmo que seja terminada, algo que parece incerto, dados os custos imensos e crescentes e os prolongados atrasos, ela não pode fazer nada para justificar seu preço. Passados trinta anos desde que se andou na Lua, uma nova geração de astronautas está dando voltas e mais voltas em torno da Terra, com mais conforto do que a *Mir* oferecia, porém a um preço muito mais alto. Enquanto escrevo, o número de astronautas a bordo foi reduzido para três, por razões de segurança e financeiras: eles ficarão entretidos com tarefas "domésticas", tornando ainda menos provável que alguém a bordo se dedique a projetos sérios ou interessantes. Na verdade, em grande parte é tão pouco prático fazer ciência com a ISS quanto seria fazer astronomia de base terrestre num barco. Mesmo nos Estados Unidos, a comunidade científica se opôs firmemente à ISS e desistiu de fazer campanha contra ela só quando o impulso político se tornou inevitável. É triste que eles não tenham sido ouvidos: é uma derrota política nefasta que fundos de governo não tenham podido ser encaminhados para as mesmas companhias aeroespaciais, mas para projetos alternativos considerados úteis ou inspiradores. A ISS não é nem um nem outro.

Há somente uma razão para aplaudir a ISS: se acreditarmos que, no futuro, as viagens espaciais se tornarão rotina, este programa continuado assegurará que os quarenta anos de experiência de vôo espacial tripulado obtido pelos Estados Unidos e pela Rússia não se dissiparão.

Um retorno aos vôos espaciais tripulados terá que esperar por mudanças em tecnologia e — talvez mais ainda — mudanças em estilo. As técnicas atuais de lançamento são tão extravagantes quanto seriam as viagens aéreas se o avião tivesse de ser reconstruído após cada vôo. Vôos espaciais só se tornarão acessíveis quando sua tecnologia se aproximar daquela do avião supersônico. Só assim as viagens orbitais de turismo poderão se transformar em rotina. O financista norte-americano Dennis Tito e o magnata sul-africano do software Mark Shuttleworth já gastaram 20 milhões de dólares em troca de uma semana na ISS. Há uma fila de outros dispostos a seguir esses "turistas espaciais", mesmo a esse preço; haveria muitos mais se o valor das passagens fosse barateado.

Na verdade, os indivíduos não irão, a longo prazo, restringir-se ao papel de passageiros passivamente circundando a Terra. Quando esse tipo de escapada se tornar enfadonha, insípida e rotineira demais, alguns quererão ir mais longe. Expedições tripuladas ao espaço profundo poderiam ser inteiramente financiadas por indivíduos ou consórcios particulares e quem sabe tornar-se, com efeito, território de aventureiros endinheirados, como pilotos de teste ou exploradores antárticos, para aceitar altos riscos em troca de poder explorar com ousadia a fronteira distante e experimentar emoções além daquelas fornecidas por grandes iates ou por balonismo em torno do mundo. O programa *Apolo* era um empreendimento quase militar financiado pelo governo; expedições futuras poderiam ter um estilo bem diferente. Se bilionários usuários de tecnologia como Bill Gates ou Larry Ellison buscarem desafios que não façam sua vida futura parecer um anticlímax, eles poderiam custear a primeira base lunar ou mesmo uma expedição a Marte.

O CAMINHO "BARATO" PARA MARTE

Se a exploração de Marte fosse iniciada num futuro próximo, ela poderia muito bem seguir o formato defendido pelo engenheiro independente norte-americano Robert Zubrin.[138] Em resposta a declarações desanimadoras da Nasa de que uma expedição custaria mais de 100 bilhões de dólares, Zubrin propôs uma estratégia de preço reduzido "direto a Marte" que passaria por cima da ISS. Ele tencionava escapar de um dos principais problemas dos esquemas iniciais: a necessidade de carregar, na jornada de ida, todo o combustível para a viagem de volta. A proposta, apresentada em seu livro *The Case for Mars* [O caso de Marte], envolve primeiro o envio direto para Marte de uma sonda sem tripulação que irá manufaturar o combustível para uma jornada de volta. Ela levaria uma estação de processamento químico, um pequeno reator nuclear e um foguete capaz de trazer de volta o primeiro grupo de exploradores. Esse foguete não estaria completamente abastecido: seus tanques estariam cheios de hidrogênio puro. O reator nuclear (rebocado por um tratorzinho que também seria parte do primeiro carregamento) geraria então energia para a estação química, que usaria hidrogênio para converter dióxido de carbono da atmosfera marciana em metano e água. A água seria desmembrada, o oxigênio armazenado e o hidrogênio reciclado para fazer mais metano. O combustível do foguete de retorno seria metano e oxigênio. Seis toneladas de hidrogênio dariam cem toneladas de metano, o suficiente para abastecer o foguete de volta dos astronautas. (É claro que, se fosse possível extrair água de gelo que não estivesse muito abaixo da superfície, parte desse processo poderia ser eliminada.)

Dois anos mais tarde,[139] uma segunda e uma terceira naves espaciais seriam lançadas. Uma delas levaria um carregamento semelhante àquele da primeira nave, enquanto a outra conteria a tripulação, assim como provisões suficientes para uma estada em Marte de até dois anos. A nave tripulada faria uma trajetória mais rápida do que a de carga. Isso quer dizer que a tripulação não precisa ser lançada até (e a não ser) que o carregamento estivesse a caminho em segurança, mas poderia, mesmo assim, chegar a Marte antes do cargueiro. Se por algum infortúnio eles aterrissassem longe do ponto pretendido (onde estaria a primeira leva de carga), ainda haveria tempo para desviar a segunda nave de carga para o ponto real de aterrissagem, de maneira que, onde quer que ela pousasse, a tripulação teria suprimentos. Uma vez que essa missão de abrir caminhos estivesse cumprida, poderia ser realizada mais uma ou duas viagens a cada dois anos, aumentando gradualmente a infra-estrutura.

Será que alguém quereria ir? Pode haver aqui um paralelo com a exploração terrestre, que foi impelida por uma variedade de motivos. Os exploradores que saíram da Europa nos séculos xv e xxi eram bancados sobretudo pelos monarcas, na esperança de encontrar mercadorias exóticas ou colonizar novos territórios. Alguns, por exemplo o capitão Cook em suas três expedições no século xxiii para os mares do Sul, receberam financiamento público, pelo menos em parte como empreendimento científico. E, para alguns dos primeiros exploradores — em geral os mais arrojados de todos —, o empreendimento era acima de tudo um desafio e uma aventura: a motivação dos montanhistas de hoje em dia e de velejadores que fazem a volta ao mundo.

Os primeiros viajantes para Marte, ou os primeiros habitantes a longo prazo de uma base lunar, poderiam ser impulsionados por qualquer um desses motivos. Os riscos seriam altos; mas, na verdade, nenhum viajante do espaço estaria se aventurando no desconhecido como os grandes navegadores fizeram. Aqueles primeiros viajantes dispunham de muito menos conhecimento prévio do que poderiam encontrar e de quantos morreriam no empreendimento. Além disso, nenhum espaçonauta estaria privado de contato humano. Haveria de fato uma demora de trinta minutos para que mensagens fossem e voltassem de Marte. No entanto, os exploradores tradicionais levavam meses para mandar recados para casa; e alguns — o capitão Scott e outros pioneiros polares — simplesmente não tinham contato nenhum.

Há muito em jogo na abertura de novos mundos. Parece ser um axioma que todos deveriam retornar. Mas talvez os pioneiros mais determinados devessem estar preparados para aceitar — como muitos europeus fizeram por vontade própria quando partiram para o Novo Mundo — que não haja volta. Poderia haver muitos que se sacrificariam numa causa gloriosa e histórica; ao abrir mão da opção de alguma vez voltar para casa, eles reduziriam os custos por eliminar a necessidade de levar casulos de foguete e hidrogênio para a viagem de volta. Uma base marciana se desenvolveria mais depressa se os que a construíssem se contentassem somente com passagens de ida.

Futuristas e entusiastas do espaço com freqüência advertem que a "humanidade" ou "a nação" deveria decidir fazer algo. A exploração espacial na verdade começou como um empreendimento quase militar financiado pelos governos. Mas essa retórica é inapropriada para feitos espaciais tripulados no século XXI. A maior parte das grandes inovações e realizações foi iniciada não porque eram um objetivo nacional, e sim por causa de motivação econômica ou simplesmente por obsessão pessoal.

O empreendimento será mais barato e menos precário quando os sistemas de propulsão forem mais eficientes.[140] Atualmente, são necessárias várias toneladas de combustível químico para propulsionar uma tonelada de carga para fora das garras da gravidade da Terra. Realizar viagens espaciais é difícil primariamente porque a trajetória tem de ser planejada com alta precisão para minimizar o consumo de combustível. Mas se houvesse, digamos, dez vezes mais impulso para cada quilograma de combustível, então ajustes a meio caminho poderiam ser feitos sempre que preciso, como fazemos ao dirigir por uma estrada tortuosa. Manter um carro na estrada seria um empreendimento de alta precisão se a jornada tivesse que ser programada de antemão, sem chance de efetuar ajustes no caminho. Se fosse possível esbanjar potência e combustível, as viagens espaciais seriam um exercício quase não especializado. O destino (a Lua, Marte ou um asteróide) está bem à vista. Basta rumar para ele e usar retrofoguetes para frear quanto for necessário no fim da jornada.

Não sabemos ainda que tipos de novos sistemas de propulsão se mostrarão mais promissores:[141] a energia solar e a nuclear são as duas opções óbvias a curto prazo. Ajudaria muito se o sistema de propulsão e o combustível necessário para escapar da gravidade da Terra pudessem localizar-se no solo em vez de ter que ser parte da carga. Potentíssimos lasers em solo seriam outra possibilidade. Outra: um elevador espacial, um cabo feito de fibra de carbono que se estenderia por mais de 25 mil quilômetros no espaço e que seria fixo por um satélite geoestacionário. (Nanotubos de carbono têm uma força de tensão bastante alta. Já foram feitos "novelos" de carbono finíssimos de até trinta centímetros de comprimento;[142] o desafio é fabricar tubos de enorme comprimento, ou desenvolver técnicas para trançá-los num cabo muito longo que retivesse a força de fibras separadas.) Esse "elevador" permitiria que carregamentos e passageiros fossem içados para fora da gravidade da Terra com energia fornecida do solo. O resto da viagem poderia ser alimentado por um foguete (talvez nuclear) de baixa propulsão.

Antes que seres humanos se aventurem no espaço profundo, o sistema solar inteiro terá sido mapeado e investigado por flotilhas de minúsculas naves robóticas, controladas pelos "processadores" cada vez mais potentes e miniaturizados que a nanotecnologia fornecerá. Uma expedição tripulada a Marte terá sido precedida pelos cargueiros de provisões imaginados por Zubrin e talvez também por sementes de plantas projetadas para florescer e multiplicar-se no planeta vermelho. Freeman Dyson imagina "árvores sob medida", feitas pela engenharia genética, que poderiam produzir uma membrana transparente em torno de si que funcionasse como uma estufa.

Métodos de força bruta foram propostos para "terraformar" a superfície inteira de Marte para torná-la mais habitável. Ela poderia ser aquecida por injeção de gases estufa em sua tênue atmosfera, ou pelo posicionamento de imensos espelhos em órbita para dirigir mais luz solar aos pólos, ou mesmo ter alguns trechos cobertos com algo preto para absorver a luz do Sol — fuligem ou basalto em pó. Seria um processo que levaria séculos; mas dentro de um século poderia haver uma presença permanente em bases localizadas. Uma vez que a infra-estrutura estivesse lá, as viagens de ida e volta se tornariam menos custosas e poderiam ser mais freqüentes.

Questões de ética ambiental podem pesar. Seria aceitável explorar Marte, como aconteceu quando (com conseqüências trágicas para os indígenas americanos) os colonos pioneiros avançaram para o oeste através dos Estados Unidos? Ou ele deveria ser preservado como ecossistema natural, como a Antártica? A resposta deveria, na minha opinião, depender do que é na verdade o estado virgem de Marte. Se já tiver havido vida lá — sobretudo se ela tivesse um DNA diferente, atestando uma origem bem separada de qualquer vida na Terra —, então haveria pontos de vista muito alardeados de que ele deveria ser preservado com o mínimo de poluição. O que poderia realmente acontecer dependeria do caráter das primeiras expedições. Se fossem governamentais (ou internacionais), um controle à moda antártica poderia ser praticável. Por outro lado, se os exploradores fossem aventureiros com financiamento privado e disposição de livre empreendimento (até mesmo anárquica), o modelo do faroeste, gostemos ou não, teria maior probabilidade de prevalecer.

NO ESPAÇO MAIS PROFUNDO

O enfoque não ficará exclusivamente na Lua e em Marte. Ao final, a vida poderia espalhar-se e diversificar-se entre cometas e asteróides, até mesmo nos recantos mais frios e longínquos do nosso sistema solar: o vasto número de pequenos corpos no sistema solar tem, em conjunto, uma superfície habitável muito maior do que os planetas.

Uma alternativa seria construir um habitat artificial, flutuando livre no espaço. Essa opção foi estudada nos anos 1970 por Gerard O'Neill, um professor de engenharia na Universidade de Princeton.[143] Ele imaginou uma nave espacial com a forma de um vasto cilindro, girando lentamente em torno de seu eixo. Os ocupantes viveriam no lado interno de suas paredes, presos a elas pela gravidade artificial gerada por sua rotação. Os cilindros seriam grandes o suficiente para ter uma atmosfera, até mesmo quem sabe nuvens e chuva, e poderiam acomodar dezenas de milhares num ambiente que, nos esboços talvez fantasiosos de O'Neill, se assemelhava a um verdejante subúrbio californiano. O material para construir essas estruturas gigantescas teria que ser "minerado" da Lua ou de asteróides. O'Neill defendeu o válido ponto de vista de que, uma vez que projetos de engenharia robótica de grande escala pudessem ser desenvolvidos no espaço, usando matéria-prima que não precise ser retirada da Terra, torna-se factível a construção de plataformas espaciais artificiais em escala muito ampla.

Os cenários específicos de O'Neill podem tornar-se tecnicamente factíveis, mas eles permanecem implausíveis do ponto de vista sociológico. Uma única estrutura frágil contendo dezenas de milhares de pessoas seria ainda mais vulnerável a um único ato de sabotagem do que comunidades integradas aqui na Terra. Um conjunto mais disperso de habitats de menor escala ofereceria chances mais sólidas de sobrevivência e desenvolvimento.

Na segunda metade do século XXI poderia haver centenas de pessoas em bases lunares, assim como há agora no pólo sul; alguns pioneiros já poderiam estar vivendo em Marte, ou em pequenos habitats artificiais navegando pelo sistema solar, ligando-se a asteróides ou cometas. O espaço também será permeado por robôs e "fabricadores" inteligentes, utilizando matéria-prima de asteróides para construir estruturas de escala cada vez maior. Não estou especialmente defendendo esses desenvolvimentos, mas eles, mesmo assim, parecem plausíveis, de um ponto de vista tanto técnico como sociológico.

O FUTURO DISTANTE

Ainda mais adiante, em séculos futuros, robôs e fabricadores poderiam ter se infiltrado pelo sistema solar inteiro. Se os próprios seres humanos terão aderido a essa diáspora,[144] trata-se de algo mais difícil de prever. Se tivessem, comunidades se desenvolveriam de maneira a torná-los ao fim bem independentes da Terra. Sem estar presos a nenhuma restrição, alguns certamente explorariam todo o espectro de técnicas genéticas e divergiriam em novas espécies. (A restrição devida à falta de diversidade genética em pequenos grupos poderia ser ultrapassada por variações provocadas artificialmente no genoma.) As diversas condições físicas — muito diferentes em Marte, no cinturão de asteróides e nos recantos distantes ainda mais frios do sistema solar — dariam ímpeto renovado à diversificação biológica.

Embora uma visão contrária seja com freqüência expressa, as extensões de espaço oferecem pouca esperança de uma solução a problemas de recursos ou de população na Terra: estes terão que ser resolvidos aqui, se o problema não se tornar trivial em face de algum dos infortúnios à civilização terrestre levantados em capítulos anteriores. As populações no espaço podem afinal crescer exponencialmente, mas isso será por causa de seu crescimento autônomo, e não em virutde da "emigração" da Terra. Aqueles que forem para o espaço serão impelidos por um anseio exploratório. Suas escolhas, entretanto, terão conseqüências incalculáveis. Uma vez atravessado o limite de haver um nível auto-sustentado de vida no espaço, então o futuro a longo prazo estará assegurado independentemente de qualquer risco que se corra na Terra (com a exceção da destruição catastrófica do próprio espaço). Será que isso acontecerá antes que nossa civilização se desintegre, deixando a perspectiva como um "poderia-ter-sido"? As comunidades espaciais autosustentadas estarão estabelecidas antes que uma catástrofe acabe com a esperança de qualquer empreendimento dessa natureza, talvez encerrando-o para sempre? Vivemos no que poderia ser um momento definidor para o cosmos, não só para o nosso planeta.

Os seres que poderiam, dentro de algumas centenas de anos, ocupar locais em nosso sistema solar seriam todos humanóides reconhecíveis, a despeito de poderem ser complementados (e provavelmente, nos locais mais inóspitos, em franca minoria) por robôs com inteligência humana. No entanto, se chegassem a acontecer, as viagens além do sistema solar através do espaço interestelar seriam um desafio pós-humano. Inicialmente elas envolveriam sondas robóticas. A jornada duraria muitas gerações humanas e exigiria uma comunidade autônoma, ou a animação suspensa de qualquer inteligência viva. Alternativamente, poder-se-ia lançar material genético no cosmos, ou plantas inseridas em memórias inorgânicas, em naves em miniatura. Elas poderiam ser programadas para aterrissar em planetas promissores e duplicar cópias de si, dando início a uma difusão pela galáxia inteira. Poderia mesmo haver transmissão a laser de informação "codificada" (um tipo de "viagem espacial" realizada à velocidade da luz) que poderia desencadear a montagem de artefatos ou a "semeadura" de organismos vivos em localidades propícias. Tais conceitos nos confrontam com questões profundas sobre os limites da armazenagem de informação, além de implicações filosóficas de identidade.

Isso seria uma transição evolutiva tão notável quanto aquela que levou à vida terrestre na Terra. Mas ainda poderia ser só o começo da evolução cósmica.

Uma piada batida entre professores de astronomia descreve um aluno preocupado perguntando: "Quanto você falou que levaria para o Sol carbonizar a Terra?". Ao receber a resposta, "6 bilhões de anos", o aluno responde com alívio: "Graças a Deus, achei que você tivesse dito 6 milhões". O que acontecerá nos evos do futuro distante pode parecer francamente irrelevante para as coisas práticas da nossa vida. Mas não acho que o contexto cósmico seja inteiramente irrelevante à forma como percebemos nossa Terra e a sina dos humanos.

O grande biólogo Christian de Duve imagina que

> A árvore da vida pode atingir o dobro de sua altura atual. Isso poderia acontecer por crescimento do ramo humano, mas não necessariamente. Há tempo de sobra para que outros galhos brotem e cresçam, ao fim chegando a um nível muito mais alto do que aquele que ocupamos enquanto o galho mais alto murcha. [...] O que vai acontecer depende até certo ponto de nós, já que agora temos o poder de influenciar de forma decisiva o futuro da vida e da humanidade na Terra.[145]

O próprio Darwin observou que "nenhuma espécie viva transmitirá sua aparência inalterada para um futuro distante". Nossa própria espécie pode mudar e diversificar-se mais depressa do que qualquer predecessor, por meio de modificações controladas com inteligência, não só pela seleção natural. Muito antes de o Sol finalmente ter limpado a lambidas o rosto da Terra, uma variedade pululante de vida ou seus artefatos poderia ter se espalhado muito além de seu planeta original; desde que evitemos uma catástrofe irreversível antes que esse processo possa começar. Eles poderiam ter a expectativa de um futuro quase infinito.[146] "Buracos de minhoca", dimensões adicionais e computadores quânticos abrem panoramas especulativos que poderiam ao fim transformar todo o nosso universo num "cosmos vivo".

As primeiras criaturas aquáticas se arrastaram para a terra firme no período siluriano, há mais de 300 milhões de anos. Podem ter sido bichos pouco atraentes, mas, se tivessem sido extirpados, a evolução da fauna terrestre estaria em jogo. Da mesma forma, o potencial pós-humano é tão imenso que nem mesmo o mais misantropo entre nós toleraria que ele fosse abortado por ações humanas.

14. Epílogo

A cultura tradicional ocidental imaginou um começo e um fim para a história, mas uma extensão de tempo restrita — só alguns milhares de anos — entre um e outro. (Muitos, no entanto, questionaram a exatidão do arcebispo de Armagh, James Ussher, famoso por datar a Criação num sábado à tarde, no dia 22 de outubro de 4004 a.C.)[147] Além disso, acreditava-se amplamente que a história adentrara seu milênio final. Para o ensaísta do século XXII sir Thomas Browne, "o mundo em si parece estar em declínio. Mais Tempo decorreu do que está por vir".

Na concepção de Ussher, a criação do mundo e a criação da humanidade aconteceram com um intervalo de uma semana uma da outra; para nossas mentes modernas, os dois eventos estão inimaginavelmente distantes. Houve uma longa ausência antes de nós, e seu registro nos observa de cada pedra. A evolução da biosfera da Terra pode ser reconstruída em vários bilhões de anos: avalia-se que o futuro de nosso universo físico se estende ainda mais, talvez até mesmo ao infinito. Mas, apesar desses horizontes expandidos, tanto passado como futuro, uma escala de tempo se contraiu: estimativas pessimistas do tempo que resta à nossa civilização, antes que se esfarele ou mesmo passe pelo apocalipse final, são mais curtas do que os cálculos de nossos antecessores que devotamente adicionaram tijolos a catedrais que não ficariam prontas durante seu tempo de vida. A Terra em si pode persistir, contudo não serão os humanos que lidarão com nosso planeta sendo crestado pelo Sol agonizante; nem mesmo, talvez, com o esgotamento dos recursos do nosso planeta.

Se o ciclo de vida inteiro do nosso sistema solar, de seu nascimento numa nuvem cósmica a seus estertores de morte nas chamas finais do Sol, fosse visto com um recurso de avanço rápido num único ano, então toda a história registrada duraria menos de um minuto no início de junho. O século XX passaria zunindo em um terço de segundo. A fração de segundo seguinte, nessa representação, seria "crítica": no século XXI, a humanidade corre mais riscos do que jamais correu em face da má aplicação da ciência. E as pressões ambientais causadas por ações coletivas humanas poderiam desencadear catástrofes mais ameaçadoras do que qualquer perigo natural.

Durante várias décadas recentes, estivemos vulneráveis a um holocausto nuclear. Escapamos, mas em retrospecto parece que devemos nossa sobrevivência tanto à sorte como a probabilidades intrinsecamente favoráveis. Além disso, conhecimento recente (sobretudo em biologia) deu origem a perigos não nucleares que poderiam ser ainda mais sombrios na próxima metade de século. Armas nucleares conferem a uma nação agressora uma vantagem devastadora sobre qualquer defesa possível. Novas ciências logo concedarão a pequenos grupos, até mesmo indivíduos, influência semelhante sobre a sociedade. Nosso mundo cada vez mais interconectado é vulnerável a novos riscos; "bio" ou "ciber", terror ou erro. Esses riscos não podem ser eliminados: na verdade será difícil impedir que cresçam sem invadir algumas acalentadas liberdades pessoais.

Os benefícios que a biotecnologia traz são evidentes, mas devem ser pesados contra os riscos e as restrições éticas que os acompanham. A robótica ou a nanotecnologia também envolverão alguns senões: elas poderiam ter conseqüências desastrosas ou mesmo incontroláveis quando mal aplicadas. Pesquisadores deveriam ter cuidado ao "empurrar as fronteiras" da ciência; mesmo se fosse o caso de pôr freios em alguma pesquisa, uma moratória nunca poderia ser efetivamente implementada no mundo todo.

Nem pensadores especulativos como H. G. Wells nem seus cientistas contemporâneos tiveram muito sucesso em prever os destaques da ciência do século XX. O século atual é ainda menos previsível por causa da possibilidade de alterar ou suplementar o intelecto humano. Mas quaisquer novos avanços inteiramente inesperados podem muito bem apresentar novos riscos também. Responsabilidade especial recai sobre os próprios cientistas: eles deveriam estar cientes de como seu trabalho poderia ser aplicado e fazer tudo ao seu alcance para alertar o público em geral a respeitos dos perigos potenciais.

Um desafio fundamental é entender a natureza da vida; como começou e se ela existe fora da Terra. (Com certeza não há outra pergunta científica que eu pessoalmente estaria mais ávido por ver respondida.) Vida alienígena pode ser descoberta — até mesmo, possivelmente, inteligência alienígena. Nosso planeta poderia ser um dentre milhões a serem habitados: podemos viver num universo pró-biológico que já pulula de vida. Se for o caso, os mais notáveis acontecimentos na Terra, mesmo nossa extinção absoluta, mal seriam registrados como eventos cósmicos. Nas peculiares palavras do astrônomo e místico do século XXIII, Thomas Wright of Durham:

> Nesta grande Criação Celestial, a Catástrofe de um Mundo, tal como o nosso, ou mesmo a Dissolução total de um Sistema de Mundos, pode não ser mais para o grande Autor da Natureza do que é o mais comum Acidente na Vida entre nós, e em toda Probabilidade tais definitivos e usuais Dias dos Juízos Finais podem ser tão freqüentes aqui quanto Nascimentos ou a Mortalidade entre nós sobre esta Terra.[148]

Mas poderia acontecer de as probabilidades serem extremamente desfavoráveis ao surgimento da vida, de forma que nossa biosfera seja a morada única de vida inteligente e consciente de si em nossa galáxia. O destino da nossa pequena Terra teria então um significado verdadeiramente cósmico — uma importância que reverberaria por toda a "Criação Celestial" de Thomas Wright.

Nossas preocupações principais se concentram naturalmente no destino da geração atual e na redução das ameaças a nós mesmos. Para mim, entretanto, e talvez para outros (sobretudo aqueles que não possuem uma crença religiosa), uma perspectiva cósmica reforça o imperativo de querer bem a este "pálido ponto azul" no cosmos. Ela também deveria motivar uma atitude circunspecta em relação a inovações tecnológicas que impõem uma pequena ameaça que seja de um "porém" catastrófico.

O tema deste livro é: a humanidade está em maior perigo do que já esteve em qualquer outra fase de sua história. O cosmos mais amplo tem um futuro potencial que poderia ser infinito. Mas serão essas vastas extensões de tempo preenchidas com vida, ou ficarão vazias como os primeiros mares estéreis da Terra? A escolha pode depender de nós, neste século.

Notas

1. PRÓLOGO [pp. 9-16]

1. O mais proeminente estrategista nuclear era Herman Kahn, autor de *On Thermonuclear War* (Princeton University Press, 1960).

2. *Deep Time*, de Gregory Benford, foi publicado pela Avon Books, Nova York (1999).

3. *Foundations of Mathematics and other Logical Essays* , de F. P. Ramsey, Londres, Kegan Paul, Trench and Trubner, p. 291. Publicado postumamente em 1931.

4. Para um relato mais completo da história cósmica, ver meu livro *Our Cosmic Habitat* (Princeton University Press e Phoenix Paperback, 2003).

2. CHOQUE TECNOLÓGICO [pp. 17-33]

5. A palestra de H. G. Wells na Royal Institution, apresentada em 24 de janeiro de 1902, foi, o que é pouco comum, reimpressa na íntegra no periódico *Nature*. O programa o descrevia como "H. G. Wells, B Sc" [bacharel em ciências]: ele tinha extremo orgulho do título acadêmico que ganhara por estudos na London University.

6. *Remaking Eden*, de Lee Silver, Avon Books, Nova York (1997). [Edição brasileira: *De volta ao Éden*, São Paulo, Mercuryo, 2001.]

7. O estudo da Nasa está descrito, e criticado de forma interessante, por C. H. Townes, co-inventor do *maser*, em seu livro *Making Waves*, Springer-Verlag, 1995.

8. Ciência e tecnologia têm agora uma simbiose complexa, que não existia há cem anos: a pesquisa dá origem a aplicações; da mesma forma, novas técnicas e instrumentos dão gás à descoberta científica.

9. *The Age of Spiritual Machines*, de Ray Kurzweil, Viking, Nova York (1999).

10. Uma técnica promissora, proposta por engenheiros elétricos na Universidade de Princeton, envolve gravar o padrão necessário numa lasca de quartzo, pôr uma camada de silício por cima e então bombardear com laser para derreter a parte do silício em contato com o molde de quartzo.

11. Um levantamento recente das perspectivas a mais curto prazo para a nanotecnologia é *Our Molecular Future*, de Douglas Mulhall, Prometheus Books (2002).

12. *Mind Children: The Future of Robot and Human Intelligence*, de Hans Moravec, Harvard University Press (1988).

13. John Sulston, em *Big Questions in Science*, org. por H. Swain, Jonathan Cape, Londres (2002), pp. 159-63.

14. O artigo de Vernor Vinge sobre singularidade saiu na revista *Whole Earth* (1993).

15. *The Sun, the Genome and the Internet*, de Freeman Dyson, Oxford University Press (1999). Edição brasileira: O *sol, o genoma e a internet*, São Paulo, Companhia das Letras (2001).

16. *The Clock of the Long Now*, de Stewart Brand, BasicBooks, Nova York, Orion Books, Londres (1999). [Edição brasileira: *O relógio do longo agora*, Rocco, Rio de Janeiro (2000).]

17. *A Canticle for Leibowitz*, de Walter M. Miller Jr., brochura da Orbit Paperback, 1993 (publicado pela primeira vez em 1960).

18. James Lovelock é citado por Stewart Brand em *O relógio do longo agora*.

3. O RELÓGIO DO JUÍZO FINAL: TIVEMOS SORTE EM SOBREVIVER ATÉ AQUI? [pp. 34-50]

19. A estimativa vem de Z. Brzezinski, *Out of Control: Global Turmoil on the Eve of the Twenty-First Century*, Nova York, 1993; esse mesmo número é endossado por Eric Hobsbawm em seu *Age of Extremes*, Michael Joseph, Londres (1994). [Edição brasileira]: *Era dos extremos*, São Paulo, Companhia das Letras, 1994.]

20. As observações de Arthur M. Schlesinger Jr. foram citadas no *New York Times*, de 12 de outubro de 2002, sobre uma conferência feita para marcar (e tro-

car reminiscências sobre) a crise cubana dos mísseis em seu 40º aniversário. Nessa conferência, surgiram novos fatos que mostravam que o mundo estivera ainda mais perto do "gume da faca" do que o público imaginara. Durante a crise, um submarino russo foi abatido por um navio norte-americano. Esse submarino levava um torpedo nuclear, que poderia ter sido disparado com a concordância de três oficiais. Felizmente um jovem oficial, Vassíli Arkhipov, resistiu à pressão para lançar o torpedo, afastando assim uma escalada que poderia muito bem ter saído do controle.

21. Robert McNamara foi entrevistado por Jonathan Schell no *Nation*.

22. O *Bulletin of Atomic Scientists* tem agora publicação bimestral pela Fundação Educacional para a Ciência Nuclear em Chicago (<http://www.thebulletin.org>).

23. McNamara é citado por Solly Zuckerman em *Nuclear Illusion and Reality*, Collins, Londres (1982).

24. O conceito de inverno nuclear foi proposto num estudo de 1983 por R. P. Turco, O. B. Toon, T. P. Ackerman, J. B. Pollack e C. Sagan (conhecidos como TTAPS). Os detalhes quantitativos desse estudo, que dependiam da quantidade de fumaça e fuligem emitida e de quanto tempo elas ficariam na atmosfera, foram assunto de subseqüente controvérsia.

25. *Nuclear Illusion and Reality*, de Solly Zuckerman. As citações foram tiradas das páginas 103 e 107.

26. *Megatons and Megawatts*, de R. L. Garwin e G. Charpak, Random House, Nova York (2002).

27. *Technical Issues Related to the Comprehensive Nuclear Test Ban Treaty*, um relatório da Comissão para Segurança Internacional e Controle de Armas, National Academy of Sciences, publicado em 2002.

28. Informações sobre as conferências Pugwash e sua história podem ser encontradas em <http://www.pugwash.org>. O vilarejo obscuro em homenagem ao qual as conferências foram batizadas tinha associações incongruentes com o Reino Unido, onde o "capitão Pugwash" era um personagem de desenho animado conhecido na televisão voltada para o público infantil.

29. A citação é de um artigo de Hans Bethe para a *New York Review of Books*.

30. O manifesto Einstein-Russell foi recentemente reimpresso, com comentários, pela organização Pugwash.

31. A Comissão de Camberra sobre a Eliminação de Armas Nucleares apresentou seu relatório ao governo australiano em 1997. Além daqueles mencionados no texto, seus membros incluíam o general Lee Butler, antigo chefe do Comando Aéreo Estratégico dos Estados Unidos, e um eminente soldado britânico, o marechal-de-campo Carver.

32. Para um relato detalhado, ver *Brotherhood of the Bomb: The Tangled Lives and Loyalties of Robert Oppenheimer, Ernest Lawrence and Edward Teller*, de Gregg Herken, Henry Holt (2002).

4. AMEAÇAS PÓS-2000: TERROR E ERRO [pp. 51-72]

33. Tom Clancy é notável pela presciência e a fidelidade técnica de seus enredos. Um romance anterior, *Dívida de honra*, mostrava o uso de um avião como míssil para atacar o edifício do Capitólio em Washington.

34. Luis Alvarez é citado no site do Nuclear Control Institute, Washington, D.C.

35. Esse cenário, com material adicional a ele correlacionado, é discutido em *Avoiding Nuclear Anarchy*, org. por G. T. Allison (BCSIA Studies in International Security, 1996).

36. James Wolsey falou nas audiências do Senado norte-americano em fevereiro de 1993.

37. Um breve levantamento desses riscos (com referências) é *Nuclear Power Plants and Their Fuel as Terrorist Targets*, por D. M. Chaplin e dezoito co-autores, na *Science* 297, pp. 997-8, 2002. Numa resposta posterior, Richard Garwin afirmou que os autores estavam fazendo pouco dos riscos, que tinham sido tratados com maior seriedade num relatório da National Academy of Sciences. (Ver também *Science* 299, pp. 201-3, 2003.)

38. *Biohazard*, de Ken Alibek, com Stephen Handelman, Random House, Nova York (1999).

39. Fred Ikle, março de 1997, citado em *The Shield of Achilles*, de Philip Bobbitt, Penguin, Nova York, e Londres (2002). [Edição brasileira: *A guerra e a paz na história moderna*, Rio de Janeiro, Campus (2003).]

40. O estudo Jason da ameaça biológica foi resumido num artigo de Steven Koonin, diretor do California Institute of Technology e chefe do grupo Jason, em *Engineering and Science* 64 [3-4] (2001).

41. O exercício "Dark Winter" foi feito pelo Johns Hopkins Center for Civilian Biodefense Strategies, em colaboração com o Center for Strategic and International Studies (CSIS), o Analytic Services (Anser) Institute for Homeland Security e o Oklahoma National Memorial Institute for the Prevention of Terrorism.

42. O relatório é *Making the Nation Safer: The Role of Science and Technology in Countering Terrorism*, National Academy Press (2002).

43. George Poste, na *Prospect* (maio de 2002).

44. J. Cello, A. V. Paul e E. Wimmer, *Science* 207, p. 1016 (2002).

45. Uma técnica usada por uma companhia norte-americana chamada Morphotek envolve o aumento da taxa de mutação pela inserção em animais, plantas ou bactérias de um gene chamado $\text{PMS}_{2\text{-}134}$, uma versão defeituosa de um gene responsável pelo reparo de DNA.

46. O projeto de Craig Venter foi amplamente relatado, por exemplo, por Clive Cookson no *Financial Times*, 30 de setembro de 2002.

47. O artigo com o relato dos experimentos de Ron Jackson e Ian Ramshaw foi publicado no *Journal of Virology* (fevereiro de 2001).

48. Em *The Demon in the Freezer* (Random House, 2002; edição brasileira: *O demônio no freezer*, Rocco, Rio de Janeiro, 2003), Richard Preston relata experimentos de Mark Buller e colegas, realizados na St. Louis School of Medicine, que tentaram reproduzir os resultados australianos. Eles obtiveram resultados concordantes, exceto que alguns camundongos que tinham sido recentemente vacinados retiveram sua imunidade contra o vírus modificado da varíola murina.

49. *Engines of Creation*, de Eric Drexler, Anchor Books, Nova York (1986).

50. Há alguns limites para a virulência e a velocidade de uma invasão, mas eles são pouco desenvolvidos e pouco tranqüilizadores. Robert A. Freitas, num artigo intitulado "Some Limits to Global Ecophagy by Biovorous Nanoreplicators" [Alguns limites à ecofagia global por nanorreplicadores bióvoros], conclui que o tempo de replicação poderia ser de somente cem segundos.

51. Outra réplica é que, para que um organismo se dê bem em termos evolutivos, ele simplesmente não pode saquear seu habitat por completo; em vez disso, deve manter uma simbiose com ele.

5. PERPETRADORES E PALIATIVOS [pp. 73-83]

52. O conteúdo do agora extinto site do culto Heaven's Gate está arquivado em <http://www.wave.net/upg/gate/heavensgate.html>.

53. *republic.com*, de Cass Sunstein, publicado pela Princeton University Press em 2001.

54. Uma série de livros representando a era apocalíptica — a série *Left Behind* — chegou ao topo das listas dos mais vendidos nos Estados Unidos.

55. *The Transparent Society*, de David Brin, Addison-Wesley, Nova York (1998).

56. Segundo uma pesquisa feita pela *Economist* (edição de 20-27 de dezembro de 2002), mais de 2 bilhões de pessoas no mundo em desenvolvimento têm acesso a televisão por satélite. Embora os programas de produção local sejam cada vez mais favorecidos, o programa ocidental mais popular em vários países (inclusive, por exemplo, no Irã) é *Baywatch*.

57. *Our Posthuman Future*, de Francis Fukuyama, Farrar, Strauss and Giroux (Nova York) e Profile Books, Londres (2002). [Edição brasileira: *Nosso futuro pós-humano*, Rocco, Rio de Janeiro (2003).]

58. O artigo de Steve Bloom está na edição de 10 de outubro de 2002 da *New Scientist.*

59. *Beyond Freedom and Dignity*, de B. F. Skinner, Bantam/Vintage (1971).

60. A história de *Minority Report* está na coletânea de contos de Philip K. Dick.

61. *Clock of the Long Now*, de Stewart Brand, BasicBooks, Nova York, Orion Books, Londres (1999). [Edição brasileira: *O relógio do longo agora*, Rocco, Rio de Janeiro (2000).]

6. SEGURANDO O AVANÇO DA CIÊNCIA? [pp. 84-101]

62. As apostas foram publicadas na edição de maio de 2002 da *Wired.*

63. Ver discussão mais aprofundada das teorias fundamentais no capítulo 11.

64. Steven Austad e Jay Olshansky fizeram uma aposta tão alta sobre esse assunto que os herdeiros do ganhador podem, em 2150, receber até 500 milhões de dólares.

65. "The Hidden Cost of Saying No", de Freeman Dyson, foi publicado no *Bulletin of the Atomic Scientists*, julho de 1975, e foi reimpresso em *Imagined Worlds*, Penguin (1985). Edição brasileira: *Mundos imaginados*, Companhia das Letras, 1998.

66. *A ilha do doutor Moreau*, de H. G. Wells, publicado pela primeira vez em 1896.

67. Declaração de Asilomar. Ver discussão em H. F. Judson, *The Eighth Day of Creation* (1979).

68. As opiniões retrospectivas de vários participantes de Asilomar estão relatadas em "Reconsidering Asilomar", *The Scientist* 14 [7]: 5 (3 de abril de 2000).

69. Há dois assuntos, porém, em que os especialistas deveriam ter voz mais ativa: primeiro, eles estão mais bem posicionados para julgar se um problema é ou não solúvel. Alguns problemas, embora claramente importantes, não estão ainda maduros para um ataque frontal, então não vale a pena investir dinheiro neles. A iniciativa do presidente Nixon para uma "guerra contra o câncer" foi prematura. Pesquisa fundamental não específica teria sido melhor naquela época. Segundo, quando os cientistas argumentam que as pesquisas do tipo "céus azuis", [Termo usado para designar pesquisas sem objetivos específicos, com um céu completamente desimpedido à sua frente. (N. T.)] não direcionadas, podem ser mais produtivas, não é só porque eles preferem estar livres para seguir até onde a

curiosidade os leve. Mesmo de uma perspectiva prática obstinada, isso pode ser verdade: trinta anos após o programa de Nixon, um desafio central em pesquisa sobre o câncer permanece como a questão básica para se entender a divisão celular no nível molecular.

70. Houve uma mudança interessante entre os anos 1970 e hoje. Os instrumentos de ponta eram então desenvolvidos pelo Exército e em seguida adaptados para uso científico. Agora, com freqüência o mercado de aparelhos eletrônicos de consumo (câmeras digitais, softwares de jogos de computador e consoles) é que determina o estado da arte.

71. O doador, John Sparling, fundador da Universidade de Phoenix, ficou sem seu cão substituto, embora o grupo de pesquisa tenha clonado um gato pela primeira vez em março de 2002.

72. Essa transparência simplesmente não deveria se estender àqueles que não tencionam progredir em termos de educação, mas que podem fantasiar-se de estudantes com o único propósito de obter acesso a patógenos em laboratórios universitários.

73. O episódio de fusão a frio está descrito em *Too Hot to Handle*, de Frank Close, Princeton University Press (1991).

74. O artigo de Taleyarkhan está na *Science* 295, 1868 (2002).

75. Transparência não garantiria escrutínio amplo e eficaz se a evidência científica fosse oriunda de instalações enormes (e talvez únicas), por exemplo, uma nave espacial ou um imenso acelerador de partículas. Em tais casos, a principal salvaguarda tem de provir do controle de qualidade interno do grupo de pesquisa, provavelmente grande e diverso em termos intelectuais.

76. Bill Joy, "Why the Future doesn't Need us", foi artigo de capa da edição de abril de 2000 da *Wired*.

7. DESASTRES NATURAIS DE REFERÊNCIA: IMPACTOS DE ASTERÓIDES [pp. 102-11]

77. O cometa foi descoberto por Eugene Shoemaker, um especialista em estudos lunares e planetários, por sua esposa, Carolyn, e por David Levy, um astrônomo estabelecido no Arizona. Em 1993 o cometa passou perto de Júpiter, e o efeito de maré da gravidade do planeta o despedaçou em cerca de vinte pedaços. Foi possível calcular que os fragmentos atingiriam Júpiter dezesseis meses mais tarde.

78. *Report on the Hazard of Near Earth Objects*, preparado pelo governo do Reino Unido, por uma comissão chefiada pelo dr. Harry Atkinson.

79. *Rendez-vous with Rama*, de Arthur C. Clarke (1972). [Edição brasileira: *Encontro com Rama*, Nova Fronteira, trad. Leonel Vallandro, 1998.]

80. O relatório da Nasa sobre este tema pode ser visto em <http://neo.jpl.-nasa.gov/neo/report.html>.

81. Como Carl Sagan observou, caso se tornasse possível mudar as órbitas de asteróides, a tecnologia poderia ser usada para desviá-los em direção à Terra ao invés de para longe dela, aumentando em muito a taxa natural "basal" de impacto e transformando asteróides em armas ou instrumentos de suicídio global.

82. A escala Torino está descrita em <http://neo.jpl.nasa.gov/torino scale.html>.

83. A escala de Palermo foi proposta em artigo de S. R. Chesley, P. W. Chodas, A. Milani, G. B. Valsecchi e D. K. Yeomans, *Icarus* 159, 423-32 (2002).

8. AMEAÇAS HUMANAS À TERRA [pp. 112-27]

84. *The Future of Life*, de E. O. Wilson, Knopf, Nova York (2002).

85. Robert May, *Current Science* 82, 1325 (2002).

86. A proposta de Gregory Benford está descrita em seu livro *Deep Time*.

87. O conceito de "pegada" é discutido no "Living Planet Report" da WWF em <http://www.panda.org>.

88. Esses números foram extraídos de um relatório recente da NMG-Levy, uma organização sul-africana de relações de trabalho.

89. Paul W. Ewald em *The Next Fifty Years*, Vintage Paperbacks (2002), org. por John Brockman, p. 289.

90. Há 500 milhões de anos, havia vinte vezes mais dióxido de carbono na atmosfera do que há hoje: o efeito estufa era, portanto, muito mais forte. Mas a temperatura média não era substancialmente mais alta naquela época, porque o Sol era intrinsecamente mais fraco. O dióxido de carbono começou a baixar quando as plantas colonizaram a terra, consumindo esse gás como matéria-prima para seu crescimento fotossintético. O gradual avivamento do Sol, conhecida conseqüência do modo como as estrelas mudam ao envelhecer, neutralizou a diminuição do efeito estufa, com a decorrência de que a temperatura global média não mudou muito. Ocorreram, no entanto, flutuações, entre períodos glaciais e interglaciais, de até dez graus (centígrados) do valor médio. Cinqüenta milhões de anos atrás, no início da era geológica do Eoceno, havia ainda três vezes mais dióxido de carbono na atmosfera do que existe hoje. Há evidência fóssil de manguezais no Sul da Inglaterra naquela época; a temperatura local era então cerca de quinze graus mais alta do que é hoje (embora isso fosse em parte devido a uma mudança nos continentes e no eixo de rotação da Terra, que puseram a Inglaterra mais perto do equador).

91. Esse efeito torna a Terra 35 graus mais quente do que o normal. A questão-chave é quantos graus a mais de aquecimento serão induzidos por atividades humanas durante este século.

92. As questões científicas relacionadas ao aquecimento global são discutidas de modo abrangente nos diversos relatórios do Intergovernmental Panel on Climate Change (IPCC), em <http://www.ipcc.ch>.

93. Uma clara discussão do conceito de "correia transportadora" está em W. S. Broecker, "What If the Conveyor Were to Shut Down? Reflections on a Possible Outcome of the Great Global Experiment", *GSA Today* 9 (1):1-7 (janeiro de 1999). Ele observa que houve resfriamentos súbitos que, se replicados, transformariam o clima da Irlanda naquele de Spitsbergen e as florestas escandinavas em tundra e congelariam o mar Báltico o ano todo. Broecker acrescenta, no entanto, que, se houvesse um aquecimento de quatro a cinco graus antes que se desse uma "reviravolta" causada por humanos, o resultado, apesar de imprevisível, provavelmente não seria tão extremo.

94. *The Skeptical Environmentalist*, de Bjorn Lomborg, Cambridge University Press (2001). [Edição brasileira: *O ambientalista cético*, Rio de Janeiro, Campus, 2002.]

95. Tal deslize poderia acontecer se o dióxido de carbono se elevasse a níveis próximos do que era há 500 milhões de anos, o Sol muitos por cento mais brilhante do que era então. Mas a elevação projetada em dióxido de carbono induzida por atividades humanas não chega a mais do que o dobro — pequena, se comparada às mudanças de vinte vezes que ocorreram em escalas de tempo geológicas. No curso natural dos eventos, o Sol gradualmente mais vivo poderia desencadear um efeito estufa descontrolado em virtude da evaporação dos oceanos talvez daqui a 1 bilhão de anos (mesmo com os níveis atuais de dióxido de carbono). Isso poderia destruir a vida terrestre muito mais cedo do que as mais violentas convulsões que acompanharão os estertores de morte do Sol daqui a 6 ou 7 bilhões de anos. O aquecimento global é ainda mais drástico no tórrido planeta Vênus.

96. Ele apresentou uma palestra na Universidade de Cambridge em 1994, durante a inauguração de um Programa de Segurança Global.

9. RISCOS EXTREMOS: UMA APOSTA DE PASCAL [pp. 128-48]

97. Há uma imensa literatura sobre esse assunto. Ver, por exemplo, *Rethinking Risk and the Precautionary Principle*, org. por Julian Morris, Butterworth-Heinemann (2000).

98. *Memoirs: A Twentieth Century Journey in Science and Politics*, de Edward Teller, Perseus, p. 201 (2001).

99. E. Konopinski, C. Marvin e E. Teller, *Ignition of the Atmosphere with Nuclear Bombs*, relatório de Los Alamos. Até 2001 ele estava disponível no site de Los Alamos.

100. *COSM*, de Greg Benford, Avon Eos, Nova York (1998).

101. Ver os comentários sobre tais teorias no capítulo 11.

102. *Cat's Cradle*, de Kurt Vonnegut, publicado pela primeira vez em 1963; disponível em versão eletrônica pela Rosetta Books.

103. Nosso artigo foi publicado com o título "How Stable is our Vacuum?", P. Hut e M. J. Rees, na *Nature* 302, 508-9 (1983).

104. O relatório do Brookhaven, intitulado "Review of Speculative 'Disaster Scenarios' at Rhic", foi publicado como R. L. Jaffe, W. Busza, J. Sandweiss e F. Wilczek, *Reviews of Modern Physics* 72, 1125-37 (2000).

105. A citação é de S. L. Glashow e R. Wilson, *Nature* 402, 596 (1999).

106. O trabalho de A. Dar, A. de Rujula e U. Heinz, cientistas do Cern, foi publicado como um artigo com o título "Will Relativistic Heavy Ion Colliders Destroy our Planet?" na *Phys. Lett. B* 470, 142-8 (1999).

107. Jonathan Schell em *The Fate of the Earth*, Knopf, Nova York (1982), pp. 171-2.

108. O artigo de Francesco Calogero "Might a Laboratory Experiment Now being Planned Destroy the Planet Earth?" está na *Interdisciplinary Science Reviews* 23, 191-202 (2000).

109. Como enfatizei no capítulo 3, parece que fomos na verdade expostos a um risco mais alto do que a maior parte das pessoas se deu conta; mais alto, eu imaginaria, do que qualquer um, a não ser os mais fervorosos anticomunistas, poderia ter aceitado conscientemente.

110. Adrian Kent, "A Critical Look at Catastrophe Risk Assessment", *Risk* (no prelo); versão preliminar disponível como hep-ph/0009204.

10. OS FILÓSOFOS DO JUÍZO FINAL [pp. 149-55]

111. O artigo de Carter foi publicado com o título "The Anthropic Principle and its Implications for Biological Evolution", *Phil Trans R-Soc A* 310, 347.

112. A crítica mais completa dessa linha de argumentação está em *Anthropic Bias: Observation Selection Effects in Science and Philosophy*, de Nick Bostrom, Routledge, Nova York (2002). Outra referência é C. Caves, *Contemporary Physics*, 41, 143-153 (2000).

113. J. Richard Gott III, "Implications of the Copernican Principle for our Future Prospects", *Nature* 363, 315 (1993), e seu livro *Time Travel in Einstein's Universe*, Houghton Mifflin, Nova York, (2001). [Edição brasileira: *Viagens no tempo no universo de Einstein*, Rio de Janeiro, Ediouro, 2002.]

114. Este argumento está contido no livro de Leslie, *The End of the World: The Science and Ethics of Human Extinction*, Routledge, Londres (1996) (nova edição, 2000), que tem um relato abrangente dos perigos e do argumento do Juízo Final. O autor, um filósofo, põe tempero no mais sombrio dos temas. Outras referências ao argumento do Juízo Final são dadas por Bostrom em seu livro já citado.

11. O FIM DA CIÊNCIA? [pp. 156-72]

115. O livro de Horgan *The End of Science* foi publicado por Addison-Wesley, Nova York, em 1996. [Edição brasileira: *O fim da ciência*, São Paulo, Companhia das Letras, 1998.] Um antídoto é *What Remains to be Discovered*, de John Maddox, Free Press, Nova York e Londres (1999). [Edição brasileira: *O que falta descobrir*, Rio de Janeiro, Campus, 1999.]

116. A citação, resposta a uma pergunta de Heinz Pagels, foi extraída de *A Memoir*, de Isaac Asimov.

117. A teoria quântica não foi resultado de uma única mente brilhante. Idéias precursoras essenciais estavam "no ar" nos anos 1920, e a teoria foi desbravada por um grupo excepcional de jovens teóricos, liderados por Erwin Schrödinger, Werner Heisenberg e Paul Dirac.

118. A citação de Stephen Hawking está em *A Brief History of Time*, Bantam 1988. [Edição brasileira: *Uma breve história do tempo*, Rocco, Rio de Janeiro, 2002.]

119. Assim que a teoria foi proposta, Einstein percebeu que ela explicava alguns mistérios sobre a órbita do planeta Mercúrio. Isso foi confirmado em 1919 por Arthur Eddington (um de meus predecessores em Cambridge), que com seus colegas mediu como a gravidade desviou raios de luz ao passar perto do Sol durante um eclipse total.

120. Embora ainda não haja uma teoria da gravidade quântica, as escalas nas quais a teoria de Einstein deve falhar podem ser prontamente estimadas. Por exemplo, a teoria não pode descrever com consistência um buraco negro tão pequeno cujo raio seja menor que a incerteza em sua posição sugerida pela relação de Heisenberg. Isso dá um comprimento mínimo de cerca de 10^{-33} centímetros. A quantidade mínima de tempo, conhecida como o tempo de Planck, seria esse comprimento dividido pela velocidade da luz, cerca de 3×10^{-44} segundos.

121. Essa falha conceitual na verdade não impediu os imensos avanços do século XX em nossa compreensão do mundo físico, de átomos a galáxias. O que

acontece é que a maior parte dos fenômenos envolve efeitos quânticos ou gravidade, mas não ambos. A gravidade é desprezível no mundo micro de átomos e moléculas, no qual os efeitos quânticos são cruciais. Reciprocamente, a incerteza quântica pode ser ignorada no âmbito celestial, em que a gravidade impera: planetas, estrelas e galáxias são tão grandes que o caráter "errático" quântico não tem efeito discernível sobre seus movimentos regulares.

122. Um resumo acessível e interessante da teoria das cordas e dimensões adicionais é *Strange Matters: Undiscovered Ideas at the Frontiers of Space and Time*, de Tom Siegfried, Joseph Henry Press (2002).

123. Essa sugestão foi discutida por E. H. Fahri e A. H. Guth (*Phys. Lett. B* 183, 149 (1987)), e por E. R. Harrison (*Q.J. Roy. Ast. Soc.* 36, 193 (1995)), entre outros.

124. Se os físicos descobrirem uma teoria unificada, será a culminação de uma busca intelectual que começou antes de Newton e continuou através de Einstein e seus sucessores. Ela exemplificaria o que o grande físico Eugene Wigner chamou de "a eficácia pouco razoável da matemática nas ciências físicas". Além disso, se for alcançada por intelecto humano sem assistência, revelaria que nossos poderes mentais podem abarcar as fundações da realidade física, o que seria na verdade uma contingência notável.

125. A citação é do livro de John Maddox, *O que falta descobrir*, citado acima.

126. No prólogo deste livro, citei a perspectiva pessoal de Frank Ramsey sobre o mundo: humanos, que são o foco de sua curiosidade e preocupação, dominam o primeiro plano; as estrelas encolheram a uma insignificância relativa. A ciência na verdade fornece uma fundamentação lógica para esse ponto de vista, um que não é, evidentemente, peculiar a Ramsey, mas compartilhado por quase todos nós. Estrelas são (aos olhos de um físico) imensas massas de gás incandescente, espremido e aquecido a temperaturas imensas por sua própria gravidade. São simples porque nenhuma química complexa poderia sobreviver ao calor e à pressão. Um organismo vivo, com camada sobre camada de complicada química interna, deve ser muito menor do que uma estrela para evitar que seja esmagado pela gravidade.

127. Há $1{,}3 \times 10^{57}$ núcleons (prótons e nêutrons) no Sol. A raiz quadrada disso, $3{,}4 \times 10^{-28}$, corresponde a uma massa de cerca de cinqüenta quilogramas, dentro de um fator de dois da massa de um ser humano típico.

128. O limite teórico absoluto à capacidade computacional, muito além até do que a nanotecnologia poderia atingir, foi discutido pelo teórico do MIT Seth Lloyd, que considera um computador tão compacto que está no limite de tornar-se um buraco negro. Ver seu artigo "Ultimate Physical Limits to Computation", *Nature* 406, 1047-54 (2000).

129. A técnica atual mais bem-sucedida é indireta, e envolve a detecção não só do planeta em si, como do pequeno balanço na estrela central causado pela atração gravitacional do planeta. Planetas como Júpiter provocam movimentações de metros por segundo; planetas como a Terra produzem movimentos de apenas alguns centímetros por segundo, pequenos demais para serem medidos. Mas planetas do tamanho da Terra poderiam ser revelados de outras formas. Por exemplo, se tal planeta entrasse na frente de uma estrela, ele reduziria seu brilho a menos de uma parte em 10 mil. A melhor chance de detectar esse minúsculo escurecimento seria usar um telescópio no espaço, onde a luz estelar não é afetada pela atmosfera terrestre e é, portanto, mais estável. Uma missão espacial planejada pela Europa chamada Eddington (batizada em homenagem ao famoso astrônomo inglês) deveria ser capaz de detectar as passagens de planetas como a Terra por estrelas de brilho forte já na próxima década.

130. O projeto mais cotado no momento — os detalhes ainda não foram concluídos — compreenderia quatro ou cinco telescópios no espaço, arranjados como um interferômetro no qual a luz da própria estrela se anula por interferência (os picos das ondas luminosas, chegando a um telescópio, neutralizariam os vales das ondas que chegassem a outro) e assim não abafa a luz ultrafraca emanada pelos corpos em órbita.

131. É incerta a fração de estrelas que poderia conter tal planeta. A maior parte dos sistemas planetários descobertos até hoje é surpreendentemente diferente do nosso próprio sistema solar. Muitos contêm planetas como Júpiter em órbitas excêntricas muito mais próximas do que o nosso próprio Júpiter. Eles desestabilizariam qualquer planeta de órbita quase circular que estivesse a uma distância "correta" de sua estrela-mãe para ser uma morada de vida. Não podemos ainda ter certeza de qual fração de sistemas planetários comportaria um planeta pequeno como a Terra.

132. Seu livro *Rare Earth* foi publicado pela Copernicus, Nova York (2000).

133. A citação foi extraída do artigo de Simon Conway Morris em *The Far Future Universe*, org. por G. Ellis, Templeton Foundation Press, Filadélfia e Londres (2002), p. 169. Ver também o livro de Conway Morris, *The Crucible of Creation*, Cambridge University Press (1998).

134. O astrônomo Ben Zuckerman sugere (na *Mercury*, set.-out 2002, pp. 15–21) outra razão pela qual deveríamos esperar visitas, se alienígenas existissem. Ele observa que quaisquer alienígenas que tivessem examinado a galáxia com instrumentos como o Terrestrial Planet Finder teriam identificado a Terra como um planeta especialmente interessante com uma biosfera intrincada

muito antes que os humanos entrassem em cena, e assim teriam tido tempo suficiente para chegar aqui.

135. Talvez devêssemos ficar agradecidos por sermos deixados em paz. Uma invasão alienígena poderia ter o mesmo efeito sobre a humanidade que aquele causado pelos europeus sobre os indígenas norte-americanos e nas ilhas do Pacífico Sul. *Independence Day* pode ser uma representação mais fiel do que *ET*.

136. Hans Freudenthal, *Lincos, a Language for Cosmic Intercourse*, Springer, Berlim (1960).

13. ALÉM DA TERRA [pp. 186-201]

137. *The Fate of the Earth*, de Jonathan Schell, p. 154.

138. A estratégia "direto a Marte" está descrita em *The Case for Mars: The Plan to Settle the Red Planet and Why We Must*, de Robert Zubrin com Richard Wagner, Touchstone (1996).

139. A posição relativa da Terra em relação a Marte é ideal a cada dois anos. Essa é a razão pela qual dois anos é o intervalo de tempo natural entre lançamentos sucessivos.

140. Esse mesmo problema surgiria em qualquer planeta habitável porque a gravidade tem que ser forte para reter uma atmosfera a uma temperatura adequada para a vida.

141. Painéis solares podem fornecer baixo impulso por tempo ilimitado nas partes internas do sistema solar, mas nas regiões externas a luz do Sol é fraca demais, e mesmo painéis grandes e pesados geram muito pouca energia. No momento, sondas no espaço profundo carregam geradores termoelétricos de radioisótopos (RTGS), que geram energia suficiente para transmissores de rádio e outros equipamentos similares. Para fornecer impulso para a propulsão (sobretudo se for preciso para encurtar os tempos de viagem para os planetas, em vez de promover simples correções a meio caminho), seria necessário algum tipo de reator de fissão nuclear. Essa é uma perspectiva razoável a médio prazo. Opções a mais longo prazo e ainda especulativas incluem reatores de fusão e até mesmo reatores de matéria-antimatéria.

142. Ver K. Jiang, Q. Li e S. Fan, *Nature* 419, 801 (2002).

143. As idéias de O'Neill foram publicadas no livro *The High Frontier*, William Murrow, Nova York (1977), e promovidas por uma organização chamada "Sociedade L_5". L_5 designa uma posição no sistema Terra-Lua especialmente apropriada para localizar um "habitat". A antologia de G. Benford e G. Zebrowski,

Skylife: Space Habitats in Story and Science, reúne um conjunto de artigos ficcionais e científicos sobre esse tema.

144. Esse é um dos temas favoritos de Freeman Dyson, esboçado pela primeira vez em sua palestra sobre Bernal. De fato J. D. Bernal tinha idéias desse tipo em 1929. Uma referência posterior de Dyson é *Imagined Worlds*, Harvard/Jerusalem lectures (2001).

145. *Life Evolving: Molecules, Mind and Meaning*, de Christian de Duve, Oxford University Press (2002).

146. Nos anos 1960, Arthur C. Clarke imaginou o "Longo Crepúsculo" após a morte do Sol e das outras estrelas quentes de hoje como uma era ao mesmo tempo majestosa e levemente melancólica. "Será uma história iluminada somente pelos vermelhos e infravermelhos de estrelas de brilho apagado que seriam quase invisíveis a nossos olhos; mesmo assim, os tons sombrios desse universo nada eterno podem ser repletos de cor e beleza para quaisquer seres estranhos que tenham se adaptado. Eles saberão que diante deles estão, não os [...] bilhões de anos que englobam as vidas passadas das estrelas, mas anos a ser contados literalmente em trilhões. Eles terão tempo suficiente, naqueles éons infinitos, para tentar todas as coisas e acumular todo o conhecimento. Mas com isso tudo eles podem invejar-nos, estendidos sob o brilho vivo após a criação; porque conhecemos o universo quando ele era jovem" (extraído de *Profiles of the Future*, Warner Books, Nova York, 1985).

14. EPÍLOGO [pp. 202-05]

147. Um resumo acessível da vida e do trabalho do arcebispo Ussher, assim como do progresso em direção a nossa cronologia moderna, está em *Aeons*, de Martin Gorst, Fourth Estate, Londres (2001). A cronologia de Ussher, a começar pela criação em 4004 a.C., constou até 1910 nas bíblias publicadas pela Oxford University Press.

148. De Thomas Wright of Durham, *An Original Theory or New Hypothesis of the Universe* (1750), reimpresso pela Cambridge University Press com uma introdução de Michael Hoskin. Wright expõe os problemas mundanos numa perspectiva cósmica mais descontraída do que a maioria de nós poderia compartilhar: "Não posso nunca olhar para as Estrelas sem me perguntar por que todo mundo não vira astrônomo [...] e reconciliá-los com todas aquelas pequenas Dificuldades que incidem sobre a Natureza humana, sem a menor Ansiedade".

Índice remissivo

ESTA OBRA FOI COMPOSTA PELA SPRESS EM MINION E IMPRESSA PELA
GEOGRÁFICA EM OFSETE SOBRE PAPEL PÓLEN SOFT DA SUZANO BAHIA SUL
PARA A EDITORA SCHWARCZ EM SETEMBRO DE 2005